Titel	ISBN 978-3-609-
Atemschutzgeräteträger	62325-2
Aufzugrettung	69787-1
Baukunde	62411-2
Biogasanlagen	68446-8
Brandmeldeanlagen	68447-5
Brandsicherheitsdienst	62408-2
Brennen und Löschen	69585-3
Digitalfunk	68436-9
Durchführung des ABC-Einsatzes	69348-4
Einfache Rettung aus Höhen und Tiefen	69621-8
Einsatz von D-Leitungen	69807-6
Einsatz von Hohlstrahlrohren	69643-0
Einsatz von Schaummitteln	69628-7
Einsätze im Bereich von Bahnanlagen	68462-8
Einsatzplanung und -vorbereitung	62400-6
Fahrzeugkunde Teil 1	62403-7
Fahrzeugkunde Teil 2	62014-5
Führen und Leiten im Einsatz	62418-1
Gefahren der Einsatzstelle	62401-3
Gefahren der Einsatzstelle – Einsturz	68941-8
Gefahren der Einsatzstelle – Elektrizität	69792-5
Gerätekunde Arbeitsgerät	69796-3
Gerätekunde Beleuchtungs- u. Warngerät	69788-8
Gerätekunde Feuerwehrpumpen	68445-1
Gerätekunde Hilfeleistungsgerät	69808-3
Gerätekunde Löschgerät	62324-5
Gerätekunde Rettungsgerät	62116-6
Gerätekunde Schläuche und Armaturen	62368-9
Grundlagen der Absturzsicherung	68696-7
Grundlagen der Wasser- und Eisrettung	62359-7
Grundlagen des ABC-Einsatzes	68756-8
Grundlagen des Drehleitereinsatzes	62323-8
Grundlagen des Hochwassereinsatzes	62357-3
Grundtätigkeiten Hilfeleistungseinsatz	62022-0
Grundtätigkeiten Löscheinsatz	62413-6
Grundtätigkeiten Retten und Selbstretten	62358-0
Gruppenführer – Ausbildung gemäß FwDV 2	69795-6
Hochwasserlagen bewältigen	69346-0
Integrierte Rettungssysteme in Brandschutzkleidung	69349-1
Knoten, Stiche, Bunde und Anschlagmittel	62402-0
Löschwasserförderung	62015-2
Löschwasserversorgung	62405-1
Maschinist für Löschfahrzeuge	69599-0
Mechanik	62117-3
Photovoltaik	62404-4
Schutzkleidung und Schutzgerät	62407-5
Sprechfunker – Ausbildung gemäß FwDV 2	69794-9
Truppführer – Ausbildung gemäß FwDV 2	69789-5
Türöffnung – Forcible Entry	62409-9
Übungen	69791-8
Unfallverhütung	62417-4
Unfälle mit alternativ angetriebenen Fahrzeugen	62410-5
Vorbeugender Brandschutz	69793-2
Wärmebildkamera	68448-2

Bitte senden Sie mir/uns den/die angekreuzten Titel aus der Reihe „Fachwissen Feuerwehr" zum Preis von je € 12,99 inkl. MwSt.

Einfach & bequem bestellen: **Fax: +49 89 2183-7**

Bitte senden Sie mir/uns

Ex.	Titel	ISBN 978-3-609-
______	**Sammelwerk** Fachwissen Feuerwehr 16 Titel in 2 Ordnern für € 149,99 inkl. MwSt.	62001-5
______	Fachwissen Feuerwehr **online** mindestens 51 Titel für € 239,99 inkl. MwSt. (Jahreslizenz 1 Nutzer)	69809-0

Bitte senden Sie mir/uns nur einzelne Leerordner zum Preis von je € 14,00 inkl. MwSt.

Ex.	Titel	
______	**Leerordner** Fachwissen Feuerwehr	60920449

Bestellung und Information unter

www.ecomed-storck

Absender:

____
Feuerwehr

____
Name / Vorname

____
Funktion

____
Straße und Hausnummer

____
PLZ / Ort

____
Telefonnr. für Rückfragen

____
E-Mail

______________________________ X ______________________________
Datum Unterschrift

Stand der Preise 10/2016. Irrtum und Änderungen vorbehalten.

ecomed-Storck GmbH
c/o Verlagsgruppe Hüthig Jehle Rehm GmbH
Kundenservice
80289 München

Service-Tel.: 089 2183-7922
Bestell-Fax: 089 2183-7620
E-Mail: kundenservice@ecomed-storck.de
Internet: www.ecomed-storck.de

Buchold • Naujoks

Atemschutznotfallstaffel

Vom Sicherheitstrupp zur ANS/ANTS

Fachwissen Feuerwehr

FACHWISSEN FEUERWEHR

Buchold • Naujoks

ATEMSCHUTZ-NOTFALLSTAFFEL

Vom Sicherheitstrupp zur ANS/ANTS

Bibliografische Informationen der deutschen Nationalbibliothek

Die Deutsche Nationalbibliothek verzeichnet diese Publikation in der Deutschen Nationalbibliografie; detaillierte bibliografische Daten sind im Internet über http://www.dnb.de abrufbar.

Bei der Herstellung des Werkes haben wir uns zukunftsbewusst für umweltverträgliche und wiederverwertbare Materialien entschieden. Der Inhalt ist auf chlorfrei gebleichtes Papier gedruckt.

Nachweis der Titelillustrationen und -fotos:
Foto oben links: Feuerwehr Dortmund
Foto unten rechts: Lukas Endner
Grafiken oben rechts und unten links: Christian Buchold

ISBN 978-3-609-69362-0

E-Mail: kundenservice@ecomed-storck.de

Telefon: 089/2183–7922
Telefax: 089/2183–7620

www.ecomed-storck.de

Satz: Fotosatz Pfeifer, 82152 Krailling
Druck: Kessler Druck + Medien, 86399 Bobingen

Vorwort

Brandeinsätze in Gebäuden gehören trotz aller Sicherheitsvorkehrungen zu den riskantesten Aufgaben der Feuerwehr. Zum Risiko durch das Brandgeschehen selbst addieren sich Unwägbarkeiten durch die Gebäudestruktur, in der die Einsatzkräfte tätig werden müssen.

Während die Gefahren für Atemschutzgeräteträger (AGT) in der „gewohnten" Bebauung im Allgemeinen erfassbar sind, wachsen sie in ausgedehnten und komplexen Gebäuden bedeutsam an. Gebäude mit erhöhter Gefahr für die eingesetzten Trupps finden sich nicht nur in Metropolregionen oder Großstädten, sondern überall.

Mit den zunehmenden Ansprüchen an den abwehrenden Brandschutz müssen auch die Anforderungen an die Einsatzstellensicherheit wie auch den Sicherheitstrupp regelmäßig überprüft und angepasst werden.

Verunfallt ein AGT im Gefahrenbereich, hängt die Aussicht auf seine zügige Rettung stark von der Leistungsfähigkeit des bzw. der Sicherheitstrupps (SiTr) ab. Da diese in der Regel an den Größen der konventionellen Bebauung ausgerichtet sind, ist deren Leistungsgrenze in weitläufigen oder komplexen Objekten schnell erreicht. Um den besonderen Anforderungen risikoreicher Einsatzlagen gerecht zu werden, installieren immer mehr Feuerwehren personell verstärkte und speziell ausgestattete Sicherheitstrupps als Atemschutznotfallstaffeln. Diese können auf eine umfangreiche personelle, technische wie auch taktische Leistungsfähigkeit zurückgreifen und kommen an risikoreichen Einsatzstellen zum Einsatz.

Der offensichtliche Bedarf an Fachliteratur zu diesem Thema, die persönlichen Erfahrungen des Aufbaus sowie der Installation einer Atemschutz-Notfall-Trainierten-Staffel (ANTS) bei der Feuerwehr Langen (Hessen) und letztlich die nationale wie auch internationale Vernetzung mit interessierten Feuerwehren im Rahmen des eigenen Projekts waren die Beweggründe der Verfasser, alle relevanten Punkte und Taktiken zusammenzufassen.

Verantwortlichen, Ausbildern und interessierten Einsatzkräften in den Feuerwehren soll dieses Werk als Grundriss und Orientierungshilfe für die Weiterentwicklung vom Sicherheitstrupp zu einer Atemschutznotfallstaffel dienen. Insbesondere werden verschiedene Varianten vorgestellt, welche aufzeigen, dass auch und insbesondere ehrenamtliche Feuerwehren solche Sondereinheiten installieren können.

Die Verfasser danken den Feuerwehren Langen (HE), Rodgau (HE), Kempen (NRW) und Dortmund (NRW) für die Unterstützung sowie das Bildmaterial.

Der Begriff „Atemschutznotfallstaffel"

Einheiten, die im Rahmen von jeweiligen Einsatzkonzepten als erweiterte SiTr tätig sind, werden unter den verschiedensten Namen beschrieben. Die in der Literatur als Schnell-Einsatz-Teams (SET) (Cimolino & Ridder, 2010) beschriebenen Einheiten oder mittlerweile etablierten *Atemschutz-Notfall-Trainierte-Staffeln* (ANTS) sowie *Sofort-Einsatz-Teams-Atemschutz* (SETA) werden alle, unabhängig von den unterschiedlichen Benennungen, zur Rettung von verunfallten oder in Not geratenen AGT vorgehalten. Unter dem Überbegriff *Atemschutznotfallstaffel* – kurz *ANS* – werden diese Einheiten ihrem Einsatzzweck und der Aufstellung entsprechend zusammengefasst.

Quellen und Verweis

Alle Abbildungen ohne Quellenangaben wurden durch die Verfasser sowie Lukas Endner und Nick Naujoks angefertigt.

Feuerwehrdienstvorschriften: Verwendung der Feuerwehrdienstvorschriften mit freundlicher Genehmigung des Ausschusses Feuerwehrangelegenheiten, Katastrophenschutz und zivile Verteidigung (AFKzV) vom 14. August 2017.

Langen, im April 2018 Christian Buchold, Dr. Frank Naujoks

Inhalt

1 Grundlagen für die Installation einer Atemschutznotfallstaffel

1.1 Ausgangspunkt: der Sicherheitstrupp (SiTr)

Die Sicherheit der Einsatzkräfte, die unter schwerem Atemschutz tätig werden, genießt einen immer höheren Stellenwert. Neben der zielgerichteten Ausbildung, wie regelmäßigem Atemschutznotfall- oder Realbrand-Training, werden auch operative Sicherheitseinrichtungen, beispielsweise Anleiterbereitschaften, Sicherheitsassistenten oder „Erholungszonen" für bereits eingesetzte Atemschutzgeräteträger (AGT), zunehmend im Einsatzdienst etabliert. Das steigende Sicherheitsbewusstsein ist indes nicht nur ein Trend, sondern vielmehr eine zeitgemäße Reaktion auf gegenwärtige Analysen der Gefährdung von AGT im Brandeinsatz. Trotz des zusätzlichen Aufwands muss festgehalten werden, dass *qualifizierte* Sicherheitstrupps (SiTr) gemäß der Feuerwehr-Dienstvorschrift 7 (FwDV) und der Unfallverhütungsvorschriften die wichtigste und oftmals einzig effektive operative Sicherheitseinrichtung für AGT waren, sind und bleiben.

Sicherheitstrupps im Allgemeinen sind die wichtigste und gleichermaßen eine zügig realisierbare Sicherheitseinrichtung an der Einsatzstelle.

Die Aufgabe des SiTr ist es, Atemschutztrupps im Notfall unverzüglich Hilfe zu leisten. Das betrifft jedwede Situation, in der AGT in ihrem Handeln teilweise oder gänzlich eingeschränkt sind und das dem Einsatz entsprechend gesicherte Verlassen des Gefahrenbereichs nicht möglich ist oder bereits der Verdacht hierzu besteht; dann also, wenn ein Atemschutznotfall vorliegt. Der SiTr hat deswegen innerhalb der internen Einsatzplanung einen hohen Stellenwert.

Auch bei Atemschutzeinsätzen zur Menschenrettung hat die Umsetzung der FwDV 7 eine hohe Priorität. Der Verzicht auf den Sicherheitstrupp darf ausschließlich eine Ausnahme als Einzelfallentscheidung im pflichtgemäßen Ermessen des Einsatzleiters darstellen.

1.1.1 Die Atemschutznotfallstaffel als Baustein eines Atemschutznotfallkonzeptes

Ist die Installation einer Atemschutznotfallstaffel (ANS) geplant, kann dies nur erfolgreich umgesetzt werden, wenn ein solides Konzept für die Vorhaltung, die Ausbildung und den Einsatz der regulären SiTr etabliert ist. Für beide Themenbereiche eignen sich interne Einsatzkonzepte, wie beispielsweise Standard-Einsatz-Regeln, welche an die Feuerwehr-Dienstvorschriften angelehnt sind und die örtlichen Gegebenheiten berücksichtigen[1]. Der Vorteil eines Konzeptes verstärkt sich, wenn die eingesetzten Einsatzkräfte aus wechselndem Personal, wie bei ehrenamtlichen Feuerwehren üblich, aber auch bei Berufsfeuerwehren möglich, besteht.

Interne Einsatzkonzepte, wie Standard-Einsatz-Regeln, schaffen für einschlägige Einsatzlagen durch im Vorfeld festgelegte Vorgehensweisen eine klare Aufgabenverteilung und steigern hierdurch die Handlungssicherheit der Einsatzkräfte.

Ferner bieten standardisierte Einsatzkonzepte eine kompakte Lektüre, in welche die relevanten Bestandteile der betroffenen Feuerwehr-Dienstvorschriften und wichtige interne Vorgaben, wie die Standards rund um den SiTr, gemeinsam integriert sind. Das vereinfacht nicht nur die Ausbildung, sondern ermöglicht zudem ein zielorientiertes Selbststudium[2].

---

[1] Mit internen Einsatzkonzepten werden die Aus- und Fortbildung abgestimmt, was im Resultat die einheitliche Vorgehensweise an der Einsatzstelle zum Ziel hat. So ist beispielsweise geregelt, welcher Trupp sich bei Brandeinsätzen in welcher Form ausrüstet oder wem welche Aufgaben obliegen. Das schafft Handlungssicherheit, spart Zeit und steigert das allgemeine Sicherheitsniveau.

[2] Der vollumfängliche Einsatz von SiTr und ANS sollte ein Bestandteil eines internen, standardisierten Einsatzkonzeptes für die Brandbekämpfung in Gebäuden sein. Planungshilfen und mögliche Konzeptgrundrisse können beispielsweise mit Hilfe einschlägiger Literatur, wie der Reihe „Einsatzpraxis" (ecomed SICHERHEIT, Landsberg), erstellt werden.

1.2 Einsatzgrundsätze: Planungsgrundlage für die Aufstellung einer Atemschutznotfallstaffel

Als allgemeine Planungsgrundlage legt die FwDV 7 unter 7.2 *„Einsatzgrundsätze beim Tragen von Isoliergeräten“* u.a. allgemeine Standards zu *Anzahl, Stärke und Ausrüstung* der SiTr fest.

1.2.1 Einsatzgrundsatz: Anzahl der Sicherheitstrupps

Als ein wichtiger Einsatzgrundsatz gilt, dass an jeder Einsatzstelle für die eingesetzten Atemschutztrupps mindestens ein SiTr zum Einsatz bereit stehen muss. Sofern verschiedene Angriffswege genutzt werden muss sogar für jeden dieser Angriffswege *mindestens* ein SiTr zum Einsatz bereitstehen. Dass die Bereitstellung eines einzelnen SiTr für die Rettung eines immobilen AGT aller Wahrscheinlichkeit nach unzureichend ist, hat sich bei realen wie auch simulierten Atemschutznotfällen gezeigt.

Abbildung 1: An der Einsatzstelle sollte der SiTr einsatzbereit sein und in ständiger Verbindung und Nähe zu dem zuständigen Führungsdienst stehen. (Quelle: J. Eisenhauer)

1.2.2 Einsatzgrundsatz: Erhöhung der Stärke des Sicherheitstrupps

Die Stärke des SiTr liegt in der Regel bei zwei Mitgliedern. Als Bemessungsgrundlage für eine Erhöhung der personellen Stärke des SiTr werden in der FwDV 7 *das Risiko und die personelle Stärke des eingesetzten Atemschutztrupps* bewertet. Konkret wird dies im Zusammenhang mit Einsätzen in *ausgedehnten Gebäuden*, wie beispielsweise Tunnelanlagen und Tiefgaragen, genannt. Damit werden bereits Einsatzlagen bzw. Beispiele aufgezeigt, die im Voraus explizit zu betrachten sind und bei denen folgerichtig davon ausgegangen wird, dass der Personalbedarf des *einzelnen* SiTr höher ist als bei Einsätzen in der konventionellen Wohnbebauung mit einem eingegrenzten Ereignisbereich.

1.2.3 Einsatzgrundsatz: Ausrüstung der Sicherheitstrupps

Über die Ausrüstung des SiTr sagt die FwDV 7 aus, dass die Einsatzkräfte ein Atemschutzgerät tragen müssen, welches für die zu erwartenden Notfalllagen geeignet ist. Mit diesem Einsatzgrundsatz wird die physische Anstrengung des SiTr berücksichtigt, was lagebedingt einen erhöhten Atemluftvorrat notwendig machen kann. Die Gefahr, dass der mit einem höheren Atemluftvorrat ausgestattete SiTr die Rettung aufgrund der verfügbaren Atemluft vorzeitig abbrechen muss, ist somit selbstredend geringer. Ferner können zusätzliche Atemanschlüsse, wie Rettungshauben, über Zweitanschlüsse verwendet werden (vgl. Kap. 3.2.1).

Abbildung 2a und b: Bei Bränden in Gebäuden mit einem erweiterten Ereignisbereich kann es erforderlich sein, die SiTr mit Doppelflaschen-Atemschutzgeräten (2 x 6,8-L-Composite-Atemluftflaschen) auszustatten. (Quelle: Feuerwehr Langen HE)

Das hat zur Folge, dass die Einschätzung des erforderlichen Atemschutzgerätes für den SiTr in die Beurteilung der verantwortlichen Führungskraft einfließen muss. Feuerwehrinterne Standards, wie z.B. der pauschale Gebrauch von Atemschutzgeräten mit höherem Atemluftvorrat für die SiTr bei Kellerbränden, unterstützen die Führungskraft und minimieren das Fehlerrisiko.

Die FwDV 7 sagt aus, dass der Sicherheitstrupp entsprechend dem Risiko der Einsatzlage, insbesondere in ausgedehnten Objekten, personell zu verstärken und mit Atemschutzgeräten, welche für die zu erwartende Notfalllage geeignet sind, auszustatten ist.

1.2.4 Die Problemstellung: Umsetzung der Einsatzgrundsätze

Dass ein SiTr, bestehend aus zwei Feuerwehrangehörigen, nur einen geringen Leistungsgrad hat, ist im Allgemeinen bekannt. So ist in Unfallberichten vergangener Atemschutzunfälle zu lesen, *„die Rettung eines verunglückten FM durch nur zwei andere (ausreichende Rettungstruppstärke nach FwDV 7) ist mit den derzeitigen Methoden nahezu unmöglich*[1]*"* oder dass *„ein (einzelner) Trupp als Sicherheitstrupp unzureichend ist*[2]*"*. Eine Erfahrung, die zudem oft auch während des internen Atemschutznotfalltrainings gemacht wird, nicht selten aber ohne ernste Konsequenzen innerhalb der Einsatzplanung bleibt.

Die Erfahrung zeigt: Ein einzelner SiTr, der aus zwei Feuerwehrangehörigen besteht, ist für die Rettung eines verunfallten AGT oft unzureichend.

Die Ergänzungen zu Anzahl, Stärke und Ausrüstung des SiTr entsprechend der FwDV 7 treffen in der Regel auf die nicht alltäglichen Einsätze zu. Sie sollten hier spätestens nach Bewältigen der ersten Sofortmaßnahmen und mit Eintreffen weiterer Einheiten umgesetzt werden.

---

1 Schlussbericht der Unfallkommission, Einsatz Kierberger Straße 15, 06.03.1996, 13.42 Uhr Schlussbericht, Köln, April 1996

2 HFUK Nord, Sicherheitsbrief Nr. 40, Ausgabe 2/2016, Tödlicher Unfall im Atemschutzeinsatz: Ergebnisse der Unfalluntersuchungen durch die HFUK Nord

In der Praxis liegt jedoch hier das Problem. Stehen beispielsweise mehrere SiTr für einen Bereich bereit, ist ohne zuvor festgelegte Vorgehensweisen nicht klar, wie sich diese im Ernstfall ergänzen sollen. Wenn ein personelles Aufstocken überhaupt möglich ist, fehlt hierzu oftmals die organisatorische Grundlage, die das Anpassen der Stärke des einzelnen SiTr an der Einsatzstelle regelt bzw. die Abläufe für den verstärkten Trupp vorgibt. Der negative Effekt verstärkt sich, wenn überörtliche Einheiten zusammenarbeiten.

Die Vorhaltung von Atemschutzgeräten mit einem erhöhten Atemluftvorrat, die bei Brandereignissen in den genannten Objekten oder bei entsprechendem Risiko gemäß der FwDV 7 nötig sind, ist zudem nur wenigen Feuerwehren möglich.

Das personelle Verstärken des SiTr und die Ausstattung mit spezieller (Atemschutz-)Ausrüstung müssen in der Einsatzplanung und bei der Ausbildung berücksichtigt werden. Die „spontane“ Aufstockung des SiTr an der Einsatzstelle empfiehlt sich nur mit einem erprobten und etablierten Konzept als Grundlage.

Abbildung 3:
Werden mehrere SiTr an einer Einsatzstelle vorgehalten, insbesondere bei Trupps unterschiedlicher Feuerwehren, muss Klarheit über die Vorgehensweise herrschen. (Quelle: Feuerwehr Langen HE)

1.3 Aufgabenstellung und Zielsetzung als Argumente für Atemschutznotfallstaffeln

Die Schwierigkeit der FwDV 7-konformen Umsetzung der Einsatzgrundsätze bei bestimmten Einsatzlagen und die limitierte Leistungsfähigkeit von üblichen SiTr bilden wichtige Argumente für die Installation einer ANS. Sie verbindet die Kernaufgabe des SiTr mit den Anforderungen einer personell verstärkten und mit entsprechender Atemschutztechnologie ausgestatteten Sicherheitskomponente, um einen verunfallten AGT möglichst schnell aus einem weitläufigen Gefahrenbereich zu retten.

Die Aufgaben der ANS unterscheiden sich grundlegend nicht von denen des SiTr. Als offensichtliche Unterschiede zum SiTr ist die personelle Stärke, die zusätzliche Ausbildung und die erweiterte technische Ausrüstung der ANS zu nennen.

An Einsatzstellen mit nur einem Zugang und einer begrenzten Anzahl eingesetzter AGT kann die ANS als primäre Sicherheitsinstanz, also ohne zusätzlichen SiTr, und während umfangreichen Lagen als Ergänzung vorgehalten und eingesetzt werden (vgl. Kap 5.2).

Weil die ANS den Anforderungen an einen SiTr gerecht wird, kann sie der Lage entsprechend primär, aber auch als Ergänzung zu den SiTr an der Einsatzstelle vorgehalten werden.

Die gesteigerte Leistungsfähigkeit der ANS profitiert dabei entscheidend von der Mannschaftsstärke: i.d.R. ab 1/3/4, oft auch 1/4/5. Dabei orientiert sich die personelle Stärke an den Aufgaben, die durch die ANS bewältigt werden sollen.

Zuvor definierte Aufgaben und Zuständigkeiten der Mitglieder einer ANS sparen Absprachen, die unter den Umständen einer Atemschutznotfallrettung schwierig sind und die Maßnahmen ausbremsen können. Anders als bei mehreren selektiv oder gleichzeitig vorgehenden SiTr müssen wichtige Sachverhalte, wie *„wer nimmt die Schlauchleitung zum Eigenschutz und das Atemschutznotfallsystem mit?“*, *„welcher Truppführer hat das Sagen?“* oder *„wer* *ist für welchen Handgriff an dem zu Rettenden zuständig?"*, nicht geklärt werden, da die Aufgaben im Vorfeld auf die Mitglieder der ANS verteilt sind.

Da Aufgaben und Kompetenzen zugeteilt sind, wird bei den Mitgliedern innerhalb der vorgehenden ANS von *Funktionen* gesprochen. Neben dem Vorteil der aufgabengerechten Funktionsstärke verfügen ANS über eine erweiterte Ausrüstung, die ein zügiges Vorgehen sowie das schnelle Transportieren des zu Rettenden unterstützen soll. Gleichermaßen sind eine fundierte Ausbildung wie auch regelmäßige Fortbildungen der Mitglieder von ANS wichtige Grundlagen für das zügige und sichere Arbeiten im Gefahrenbereich (vgl. Kap. 4).

Geregelte Kompetenzen der Funktionen, trainierte oder bestenfalls automatisierte Abläufe, die klare Verteilung der Aufgaben und damit die gleichmäßige Aufteilung der Belastung auf die Teammitglieder gestatten es der ANS, trotz der hohen personellen Stärke und der erweiterten technischen Ausrüstung, außerordentlich dynamisch zu operieren.

1.3.1 Resultierende Zielsetzung für Atemschutznotfallstaffeln

Mit der Möglichkeit, in ausgedehnten Gebäuden schnell vorgehen zu können, steigt die Wahrscheinlichkeit, den verunfallten AGT früher aufzufinden. Resultierend kann dieser schneller mit Atemluft versorgt werden, was das Zeitfenster der Rettung erweitert. Zudem können gleichzeitig die Sicherung sowie die Beurteilung des Standortes erfolgen, was die Sicherheit aller an der Rettung beteiligten Einsatzkräfte erhöht. Mit dem Transport des Verunfallten aus dem Gefahrenbereich, was den physisch anspruchsvollsten Teil der Atemschutznotfallrettung darstellt, kommen der personelle Vorteil und die optimierte Ausrüstung vollends zum Tragen, da der zu Rettende in einem geeigneten Transportgerät bei verhältnismäßig großer Personalverfügbarkeit aus dem Bereich transportiert werden kann.

Die gesteigerte Leistungsfähigkeit einer ANS gegenüber einem oder auch mehreren SiTr erhöht die Chancen der erfolgreichen Rettung des verunfallten AGT, insbesondere aus ausgedehnten oder komplexen Gefahrenbereichen, maßgeblich.

Die beschriebenen Sachverhalte können im Ergebnis zu den allgemeinen Standards für ANS zusammengefasst werden:

Zügiges Vorgehen, Versorgen und Transportieren von verunfallten AGT (in ausgedehnten Bereichen), durch:

- Aufgabengerechte Funktionsstärke
- Festgelegte Aufgaben und Kompetenzen
- Einhalten der Einsatzgrundsätze gemäß FwDV 7
- Mitführen einer Schlauchleitung zum Eigenschutz
- Atemschutzgeräte mit ausreichendem Atemluftvorrat
- Adäquate Atemschutznotfallsysteme und Transportgeräte
- Bedarfsgerechtes, zusätzliches Gerät

Das Konzept für eine ANS muss die zügige Rettung des verunfallten AGT als oberstes Ziel haben, ohne dass Einsatzgrundsätze vernachlässigt werden.

Synergieeffekte, wie beispielsweise die Übertragung der durch die spezielle Ausbildung gewonnenen Fähigkeiten auf das „Tagesgeschäft" und die hohe Motivation der Mitglieder zur eigenen Weiterentwicklung, verstärken den positiven Effekt innerhalb einer Feuerwehr.

1.4 Bedarfsplanung einer Atemschutznotfallstaffel auf Grundlage von Atemschutznotfallszenarien

„Eine Atemschutznotfallstaffel brauchen wir nicht! Bei uns reichen normale Sicherheitstrupps!" Eine Meinung, der die Autoren leider oft gegenüberstehen. Selten kann dies mit einer soliden Beurteilung als Argumentationsgrundlage begründet werden. Dabei ist es wichtig, eine fundierte Gefahrenanalyse mit einer anschließenden Beurteilung durchzuführen. Nur so kann ermittelt werden, ob ein Konzept ausschließlich mit der Bereitstellung von SiTr für alle realistischen und üblichen Brandereignisse in dem Zuständigkeitsbereich ausreichend oder die Vorhaltung einer ANS begründet ist.

1.4.1 Grundlagen der Bedarfsplanung

Eine ANS ist keine irreale Spezialeinheit. Sie muss vielmehr als operative Einheit für besondere Einsatzlagen betrachtet werden. Ähnlich wie beispielsweise bei Wasserrettungs- oder ABC-Zügen regelt sich die Notwendigkeit der Vorhaltung und Alarmierung einer ANS anhand von kurz- oder langfristigen Gefahrenanalysen. Es muss also beurteilt werden, für welche Einsatzszenarien der SiTr ausreicht und ab welchen Einsatzlagen eine ANS erforderlich ist.

Ein geeignetes Mittel für die langfristige Betrachtung sind beispielsweise die Brandschutzbedarfs- und Entwicklungsplanung, aber auch die klassische Einsatzplanung. Mit Hilfe von allgemeinen Vorschriften und Richtlinien in Bezug auf den Zuständigkeitsbereich sowie der Revisionen vergangener Einsatzlagen kann der Bedarf an Personal, Technik und Infrastruktur oft ausführlich bestimmt werden. Die Betrachtung realer Gefahrenszenarien, also *„welche Einsatzlagen sind in dem Zuständigkeitsbereich zu erwarten"*, ist ein wichtiges Hilfsmittel innerhalb der Bedarfsplanung. Im Resultat kann die angemessene erforderliche Leistungsfähigkeit einer Feuerwehr bestimmt werden. Das trifft selbstredend auch auf die Einsatzstellensicherheit, insbesondere für die Atemschutznotfallplanung, zu.

Die grundsätzliche Frage muss lauten: „Ist unser Sicherheitstrupp-Konzept an den zu erwartenden Einsatzlagen ausgerichtet?"

Werden im Vorfeld Gefahrenszenarien angenommen, die AGT aufgrund baulicher oder sonstiger Gegebenheiten in einem höheren Maß gefährden, müssen gleichermaßen Maßnahmen geplant und umgesetzt werden, die einen angemessenen Sicherheitsstandard gewährleisten.

Sind für den abwehrenden Brandschutz organisatorische und technische Sondermaßnahmen vorgesehen, müssen die Sicherheitsvorkehrungen für die Einsatzkräfte, insbesondere im operativen Atemschutzsektor, im Vorfeld angepasst werden.

Das Atemschutzkonzept sollte also Bestandteil dieser internen Bedarfs- und Einsatzplanung sein. Dieses muss, zusätzlich zu den grundlegenden Standards, das Gefahrenszenario „Atemschutznotfall" behandeln; auch und gerade für den Fall in ausgedehnten Objekten.

1.4.2 Richtwert „Leistungsfähigkeit des Sicherheitstrupps"

Für die Beurteilung, ob und ab welchen Lagen eine ANS erforderlich ist, muss bekannt sein, wie leistungsfähig der SiTr ist. Trotz aller Vorkehrungen wird den Mitgliedern der SiTr bekanntermaßen eine hohe Leistungsfähigkeit abverlangt. Die Erfahrung aus Einsatzlagen und Ausbildung zeigt, dass das Unterstützen oder die Rettung von verunfallten AGT mit hohen physischen sowie psychischen Belastungen der vorgehenden Einsatzkräfte verbunden ist.

Die erhöhte *physische Belastung* begründet sich neben den Umgebungseinflüssen einer Brandstelle darin, dass ein verunfallter AGT aufgrund von Feuerschutzkleidung etc. oft schwerer ist als Zivilisten. Dass bei einem Atemschutznotfall ein Feuerwehrangehöriger, möglicherweise ein bekannter Kamerad, gefährdet ist, verstärkt die *psychischen Belastungen* erheblich. Hierzu addieren sich die psychischen Einflüsse der konventionellen Menschenrettung. Dieses Übermaß an Belastungen muss durch die Leistungsfähigkeit des vorgehenden SiTr kompensiert werden können.

Die Leistungsfähigkeit der einzelnen SiTr hängt von mehreren Faktoren ab:

- Aktuelle physische und psychische Leistungsfähigkeit
- Ausbildungsstand, Kenntnisse und Erfahrung (auch die gemeinsame Erfahrung unter den Truppmitgliedern ist ein Faktor)
- Allgemeine Standards der Einsatzstellen-Organisation
- Informationsweitergabe und Kommunikation
- Mannschaftsstärke und Anzahl der SiTr
- Ausrüstung, technisches Equipment
- Umgebungseinflüsse

Als Planungsgrundlage ist die theoretische Leistungsfähigkeit der SiTr für die verantwortlichen Führungskräfte also wichtig. Unabhängig von dem Potenzial des einzelnen Feuerwehrangehörigen muss ungefähr klar sein:

- Wie weit kann der SiTr in welcher Zeit vorgehen (definierte Strecke)?
- Wie verändert sich der Zeitansatz bei Geschosswechseln?
- Welches Zeitfenster öffnet sich mit der Notfall-Luftversorgung?
- Wie lange dauert es, den verunfallten AGT aus dem Gefahrenbereich über eine zuvor definierte Strecke zu transportieren?
- Welches Risiko besteht für die eingesetzten Einsatzkräfte (Ist z.B. ein Mitführen der Schlauchleitung zur Eigensicherung überhaupt realistisch?).

„Was kann der SiTr leisten?“ Diese Frage muss grundlegend ein Bestandteil des internen Atemschutznotfallmanagements sein und in die Planung für die Installation einer ANS einfließen.

Zusammengefasst muss die Leistungsfähigkeit der SiTr der eigenen Feuerwehr sichtbar gemacht werden und die Führungskräfte müssen diese als Kenngröße in die Beurteilung vor Ort einbeziehen können. Nur so ist nachvollziehbar, welche Lagen durch den oder die SiTr abgeleistet werden könnten und in welchem Fall die Leistungsgrenze überschritten wäre. Das ermöglicht die Chance, die Sicherheitsvorkehrungen bereits mit der initialen oder einer wiederkehrenden Lagebeurteilung anzupassen.

Das Wissen über die theoretische Leistungsfähigkeit des SiTr unterstützt die verantwortlichen Führungskräfte als Kenngröße bei der Beurteilung der Sicherheitslage der eingesetzten Atemschutztrupps.

Als wirksames Mittel für die Feststellung der theoretischen Leistungsfähigkeit dienen praktische Versuche unter möglichst realen Bedingungen. Erst auf Grundlage der theoretischen Leistungsfähigkeit der SiTr können eine adäquate Gefahrenanalyse des Einsatzgebietes, insbesondere der Bebauung, und die Beurteilung an der Einsatzstelle erfolgen.

1.4.3 Bedarf und initiale Alarmierung einer Atemschutznotfallstaffel aufgrund der Gefahrenanalyse des Einsatzgebietes

Jedes Einsatzgebiet hat seine eigenen Merkmale und Schwerpunkte. Für die Gefahrenanalyse in Bezug auf die Innenbrandbekämpfung sind die Gebäude im Einsatzgebiet und reale Schadenereignisse in diesen maßgebend. Insbesondere für ausgedehnte und komplexe Objekte muss eine spezielle Risikoanalyse durchgeführt werden. Objekte, die im Brandfall aufgrund ihrer Gebäudestruktur oder deren Besonderheiten ein erhöhtes Risiko für AGT nahelegen, sind dabei längst nicht nur in Großstädten oder Industriezentren zu finden. Die wachsende Bedeutung von Metropolregionen und die versorgungsrelevante Dezentralisierung von Warenwegen führen dazu, dass ausgedehnte oder komplexe Objekte auch in den Regionen um die Großstädte und zugleich in ländlichen Gebieten anzutreffen sind.

Sowieso steht die Frage im Mittelpunkt, was man unter einem ausgedehnten oder komplexen Gebäude versteht. Gebäude, die über dem Normalmaß einer in der jeweiligen Kommune gängigen Bebauung liegen, sind für die zuständige Feuerwehr bereits besonders zu betrachten. So kann beispielsweise ein Gasthaus im ländlichen Bereich bereits einsatztaktisch als priorisiert betrachtet werden, wenn das Objekt die Ausnahme in der ortstypischen Bebauung darstellt. Urbane Maßstäbe orientieren sich wiederum an anderen Größen.

Die Leistungsfähigkeit der Atemschutz- und SiTr sollte sich mindestens an den Parametern der üblichen Einsatzbereiche, wie der jeweiligen Wohnbebauung, messen. Das Retten von Personen aus diesen Bereichen ist nämlich die ureigene Aufgabe der Feuerwehr. Bei Bränden innerhalb der durchschnittlichen Wohnbebauung scheint das Risiko für den Atemschutztrupp zudem aufgrund der limitierten Ausdehnung und der höheren Wahrscheinlichkeit einer schnellen Umsetzung zusätzlicher Sicherheitseinrichtungen, wie Anleiterbereitschaften, grundlegend verhältnismäßig; dennoch kommt es auch hier nicht selten zu Zwischenfällen.

Abbildung 4a und b: Brand in einem Einfamilienhaus: Der Angriffstrupp rettet sich nach einer rasanten Brandausbreitung selbstständig aus dem Gefahrenbereich über eine Anleiterbereitschaft und bleibt unverletzt. (Quelle: FW Langen HE)

■ Anforderungen anhand der vorhandenen Gebäudestrukturen

Dass der SiTr einen verunfallten AGT aus einem kompakten Bereich zeitnah rettet, muss möglich sein, vorausgesetzt, die Leistungsfähigkeit des SiTr ist technisch wie auch taktisch an diesen Anforderungen ausgerichtet. Jede weitere bauliche Besonderheit, wie beispielsweise weite Wege oder komplizierte Treppenräume, maximiert das Risiko und belastet die Trupps zusätzlich. In Gewerbe- sowie Industriebereichen und Gebäuden mit besonderer Art und Nutzung dominieren ausgedehnte Wege und bedarfsgerechte Gebäudestrukturen; unabhängig davon, ob das Gebäude im ländlichen oder urbanen Bereich steht. Auch wenn die genannten Objekte oft über brandschutztechnische Einrichtungen verfügen, stellen Brände in diesen die Feuerwehr vor besondere Herausforderungen. Klar ist, dass der Transport innerhalb der Notfallrettung zu den schwerwiegendsten physischen Herausforderungen für die Mitglieder der SiTr zählt. Addieren sich hierzu schließlich ausgedehnte Wege und bauliche Besonderheiten, ist die Leistungsgrenze schnell überschritten.

Jede bauliche Besonderheit, mit der sich das Ereignisobjekt von dem gewohnten Maß unterscheidet, erschwert die Arbeit der Angriffs- und SiTr erheblich.

Abbildung 5: Die funktionsgerechte Ausführung von Bauwerken, in diesem Fall ein unterirdischer Gang einer Kläranlage, kann das Risiko im Atemschutzeinsatz erhöhen.

Neben den baulichen Gegebenheiten müssen die Nutzung und der Zustand in die Beurteilung einfließen. Eine Tiefgarage, welche vor Jahrzehnten erbaut wurde und somit über nur wenige brandschutztechnische Einrichtungen sowie Vorkehrungen verfügt, stellt im Brandfall andere Anforderungen an die Feuerwehr als ein modernes und brandschutztechnisch zeitgemäßes Objekt. Mit dem Anteil an veralteten Gebäuden entsprechenden Ausmaßes steigen die Anforderungen an den abwehrenden Brandschutz. Sind ausgedehnte und komplexe Gebäude zudem in einem schlechten Allgemeinzustand, steigt das Risiko für die eingesetzten Einsatzkräfte weiter.

Abbildung 6a und b: Unrat im Gang während eines ausgedehnten Kellerbrandes (links). „Altlasten" entsprechen nach Jahrzehnten oft noch den brandschutztechnischen Anforderungen aus den Jahren der Errichtung, (z.B. Wohnhochhäuser aus den 1970ern, rechts). (Quelle: Feuerwehr Langen HE)

Gebäude mit langen Anmarschwegen, komplexen Strukturen oder in einem besonders risikoreichen Zustand stellen AGT, aber insbesondere SiTr vor besondere Herausforderungen. Der Großteil der schwerwiegenden nationalen Atemschutzunfälle, bei denen die Selbstrettung nicht ohne weiteres möglich war, speziell jene Unfälle mit Todesfolge, passierte während Einsatzlagen in ausgedehnten oder komplexen Gebäuden. Festgehalten werden kann, dass das Risiko für Atemschutztrupps in Objekten, deren Struktur sich von der ortsüblichen Bebauung abhebt, steigt.

■ Resultierende Zielsetzung

Eine Gefahrenanalyse für den Zuständigkeitsbereich bietet die Möglichkeit, die Objektgruppen, die aufgrund der genannten Merkmale besondere Anforderungen an die Feuerwehr und speziell die SiTr stellen, zu beurteilen. So können bereits im Vorfeld notwendige Maßnahmen, wie die Anpassung der personellen und technischen Ressourcen, aber auch die initiale Alarmierung einer ANS, getroffen werden. Da eine Alarmierung anhand einzelner Gebäude schwierig ist, empfiehlt sich die initiale Alarmierung der ANS anhand des Einsatzstichwortes. Weil Brände in den genannten Objekten in der Regel mit höheren Einsatzstichworten oder anhand von Sondereinsatzplänen bemessen werden, kann somit die zeitnahe Bereitstellung einer ANS ermöglicht werden. Ferner resultiert eine verhältnismäßige Einsatzfrequenz, da die ANS nicht zu jedem Brandalarm alarmiert werden muss.

Für Brandeinsätze in Gebäuden, die aufgrund ihrer Komplexität oder Größe ein außergewöhnliches Maß für die zuständige Feuerwehr darstellen, sind im Vorfeld organisatorische Maßnahmen festzulegen; auch in Hinsicht auf die Sicherheit der Atemschutztrupps.

Abbildung 7:
Die ANS begibt sich an einer Einsatzstelle (Brand in Wohnhochhaus) parallel zu den ersten Maßnahmen in Bereitschaft und steht der Einsatzleitung zeitnah zur Verfügung. (Quelle: Feuerwehr Langen HE)

Die initiale Alarmierung einer ANS anhand von Einsatzstichworten oder Sondereinsatzplänen ermöglicht die frühzeitige Bereitstellung der ANS.

1.4.4 Bereitstellung einer Atemschutznotfallstaffel aufgrund der Gefahrenanalysen während des Einsatzes

Aus Erfahrung weiß man, dass Brandeinsätze in Gebäuden eine hohe Dynamik annehmen können, oft unvorhergesehen. Dabei muss es nicht immer der Großbrand sein, der ein hohes Risiko für die Einsatzkräfte darstellt. Auch scheinbare „Routineeinsätze“, wie ausgelöste Brandmeldesysteme, können sich in kurzer Zeit zu kritischen Lagen entwickeln. Eine erhöhte Gefahr für die AGT kann dann aus der Verkettung mehrerer Einflüsse resultieren. Unvorhergesehene Brandrauchbewegungen oder ein zuvor unabsehbarer Brandverlauf sind bei jedem Brandereignis, auch in der konventionellen Bebauung, möglich (vgl. Abb. 4). Die FwDV 7 fordert u.a. aus diesem Grund an jeder Einsatzstelle, an der die Rettung von AGT nur mit Atemschutz möglich ist, die Bereitstellung von SiTr.

■ Die Sicherheit der AGT – Bestandteil der Lagebeurteilung

Während die Lagebeurteilung durch die verantwortlichen Führungsdienste regelmäßig erfolgt, wird die Beurteilung von Anzahl, Stärke und Ausrüstung des oder der SiTr oft nur initial und selten wiederkehrend durchgeführt. Diese sollte aber insbesondere bei dynamischen Einsatzlagen von höchster Priorität sein. Im Rahmen des pflichtgemäßen Ermessens ist neben der allgemeinen Lagebeurteilung also auch die Beurteilung der Sicherheitslage der AGT in kurzen Abständen regelmäßig durchzuführen. Maximiert sich das Risiko für die Einsatzkräfte im Inneren des Gefahrenbereichs, beispielsweise aufgrund neuer Erkenntnisse oder der Lage, müssen wiederum die Sicherheitsvorkehrungen, auch der SiTr, angepasst werden.

Die Einsatzleitung muss die Beurteilung der Sicherheitslage der Atemschutztrupps regelmäßig in den sich wiederholenden Führungsvorgang einbeziehen. Die bedarfsgerechte Anpassung von Anzahl, Stärke und Ausrüstung der SiTr muss insbesondere bei dynamischen Einsatzlagen wiederkehrend erfolgen.

An unübersichtlichen Einsatzstellen empfiehlt sich die Installation eines Sicherheitsassistenten. Diese Funktion unterstützt den zuständigen Führungsdienst, indem sie die Gefährdungen für Einsatzkräfte an der Einsatzstelle (oder bei der Ausbildung) beobachtet, beurteilt und, je nach zugesprochener Kompetenz, Maßnahmen zur Sicherstellung der Einsatzstellensicherheit vorschlägt, beauftragt oder sobald Gefahr im Verzug ist, unverzüglich umsetzt[1].

[1] Siehe hierzu www.sicherheitsassistent.info

Abbildung 8a und b: Während der Erkundung wird festgestellt, dass in der Tiefgarage kein PKW brennt, sondern das wegen Renovierungsarbeiten untergestellte Mobiliar von 100 Hotelzimmern. Eine Anpassung der SiTr hat die gleiche Priorität wie die übliche Nachalarmierung weiterer Einsatzkräfte. (Quelle: Feuerwehr Langen HE)

■ Bereitstellung einer ANS wegen des erhöhten Risikos für die AGT

Eine ANS stellt an Einsatzstellen mit besonders risikoreichen Lagen, die einen Atemschutznotfall begünstigen, eine adäquate Form des erforderlichen SiTr dar. Da die ANS über ausreichendes Personal für die Versorgung sowie den Transport des Verunfallten **und** den Eigenschutz durch das Mitführen einer Schlauchleitung verfügt, ist das schnelle und gleichermaßen sichere Vorgehen wahrscheinlicher als bei mehreren selektiv vorgehenden SiTr.

Die Notwendigkeit einer ANS kann somit durch die Einsatzleitung auch im Verlauf eines Einsatzes festgestellt werden. Wird die Feuerwehr zu einem „PKW-Brand" alarmiert und stellt vor Ort fest, dass dieser in einer Tiefgarage steht, müssen die technischen sowie personellen, aber auch die sicherheitsrelevanten Ressourcen angepasst werden. Hierzu muss gleichermaßen beurteilt werden, ob die Leistungsfähigkeit der SiTr den Anforderungen, die durch das Objekt und die Lage gestellt werden, gerecht wird. Sofern die Leistungsfähigkeit des SiTr überstiegen würde, ist die Alarmierung einer ANS notwendig.

Steigt das Risiko für die eingesetzten Atemschutztrupps, ist eine Erhöhung der Sicherheitsvorkehrungen erforderlich. Wenn die Leistungsfähigkeit der SiTr der Gefährdungslage nicht gerecht wird, ist die Bereitstellung einer ANS an der Einsatzstelle erforderlich.

1.4.5 Bereitstellung/Anforderung einer Atemschutznotfallstaffel aufgrund eines Atemschutzunfalls

Spätestens mit dem Eintritt eines Atemschutznotfalls, der sich im Gefahrenbereich ereignet, muss eine angemessene Nachforderung weiterer Einsatzkräfte durchgeführt werden. Steht der Einsatzleitung eine ANS zur Verfügung, ist diese, sofern sie sich nicht bereits vor Ort oder auf der Anfahrt befindet, unverzüglich an die Einsatzstelle anzufordern. In jedem Fall kann eine ANS ergänzend zu den SiTr tätig werden. Konnten die SiTr den verunfallten AGT bereits auffinden und mit Atemluft versorgen, ist die nachrückende ANS eine gute Option für den Transport des Verunfallten; insbesondere, wenn dieser aufgrund seines Verletzungsmusters und bei entsprechend guten Bedingungen schonend gerettet werden sollte. Wenn primär nicht verfügbar, ist eine ANS mindestens die angemessene Sicherheitseinrichtung für die bereits operierenden SiTr. Das Konzept in Bezug auf die Alarmierung einer ANS sollte allerdings immer die frühzeitige, bestenfalls initiale Alarmierung vorsehen.

Eine ANS ist spätestens als Sicherheitsinstanz für die eingesetzten SiTr, wenn nicht sogar als aktive Ergänzung dieser anzufordern, besser aber initial!

1.5 Selbstkontrolle und Testfragen

(Lösungen siehe Seite 104)

1. Was muss als Grundlage vor der Installation einer ANS festgeschrieben und etabliert sein?

a) Ein Funkkonzept
b) Die Bereitstellung, Ausstattung und der Einsatz des SiTr
c) Eine Alarm- und Ausrückordnung

2. Wann ist der Einsatz eines personell verstärkten SiTr notwendig?

a) Je nach Anzahl der eingesetzten Atemschutztrupps
b) Wenn mehr als ein Zugang im Einsatz genutzt wird
c) Je nach Risiko (Einsatzlage) und personeller Stärke des eingesetzten Atemschutztrupps

3. Wann kann mit einem erhöhten Risiko für die Atemschutztrupps gerechnet werden?

a) In ausgedehnten und weitläufigen Ereignisbereichen
b) Bei besonders dynamischen Lagen
c) Wenn kein(e) Sicherheitstrupp(s) zur Verfügung stehen

4. Wann sollte die Alarmierung/Bereitstellung einer ANS erfolgen?

a) Bestenfalls initial, anhand von Alarmstichworten
b) Nur nach Rücksprache mit der Einsatzleitung
c) Ausschließlich mit Eintreten eines Atemschutznotfalls

2 Installation einer Atemschutznotfallstaffel

Grundlegend muss vorab definiert sein, in welcher Instanz die ANS installiert wird. Dafür muss die Frage *„in welchem Zuständigkeitsbereich soll die ANS tätig werden?“* beantwortet sein. Für Feuerwehren größerer Städte mit einem hohen Einsatzaufkommen und ausreichenden Standorten sowie genügend Personal rentiert sich die Installation einer eigenen ANS, die ausschließlich in der eigenen Kommune operiert. In den überwiegenden Regionen hingegen sind, ähnlich wie bei ABC-Zügen oder sonstigen Sondereinheiten, landkreisweite oder gar übergreifende Konzepte realistischer. Die Verantwortung für eine ANS kann also im Rahmen der Eigenverwaltung bei mehreren Feuerwehren oder auch den übergeordneten Stellen, wie der Gefahrenabwehrbehörde eines Landkreises, installiert sein.

Die Bereitstellung einer ANS kann auf regionaler Ebene im Rahmen der interkommunalen Zusammenarbeit, beispielsweise innerhalb des Landkreises, erfolgen. Dabei können eine oder mehrere Feuerwehren diese Aufgabe übernehmen, ähnlich wie bei anderen Sondereinheiten (vgl. Kap. 2.1.1).

■ Mit der Umsetzung starten

Die Installation einer solchen Einheit sollte von den Verantwortlichen als Projekt betrachtet werden. Zuvor abgezeichnete Rahmenbedingungen, wie das verfügbare Budget und die technischen wie auch personellen Möglichkeiten, aber auch Einsatzstatistiken und sonstige Planungshilfen unterstützen die Projektverantwortlichen bei der Konzeptentwicklung. Gleichermaßen muss klar sein, dass die Installation einer ANS immer auch einen gewissen Spielraum benötigt, da sich viele Punkte oft erst in den Praxis- und Testphasen ergeben. Wie bei Projektarbeiten üblich, ist eine klare Rollenvergabe sinnvoll. Es sollten also Aufgaben und Kompetenzen für die Installation einer ANS delegiert werden. Innerhalb der Feuerwehr ist es sinnvoll, die Verantwortung für die Umsetzung zu beauftragen, beispielsweise bei einem Sachgebiet (z.B. Einsatzplanung) oder einer Feuerwache bzw. einem Standort.

Auf Grundlage dieser Voraussetzungen ist es möglich, die Planung für die Installation einer ANS in die folgenden Punkte zu unterteilen:

- Allgemeine Aufstellung
- Vorhaltung von Personal
- Ausbildung
- Technische Ausrüstung
- Einsatztaktik

Während auf die Ausbildung (vgl. Kap. 4), die technische Ausrüstung (vgl. Kap. 3) und die Einsatztaktik (vgl. Kap. 5) gesondert eingegangen wird, werden im Folgenden die allgemeine Aufstellung und die Vorhaltung des Personals thematisiert.

2.1 Allgemeine Aufstellung der Atemschutznotfallstaffel

Eine ANS kann in verschiedenen Systemvarianten aufgestellt werden. Allgemein werden die Einheiten wie folgt unterteilt:

- **Sondereinheit** Atemschutznotfallstaffel
  - Standortbezogen
  - Rendezvous-System
- **Modulare** Atemschutznotfallstaffel

2.1.1 Sondereinheit Atemschutznotfallstaffel

Die erste deutsche ANS, die das Konzept der Sondereinheit umgesetzt und das Thema als solches bekannt gemacht hat, war die *Atemschutz-Notfall-Trainierte-Staffel, kurz A.N.T.S., der Berliner Feuerwehr*. Bei einer Sondereinheit werden nur einige Einsatzkräfte von einem oder wenigen Standorten zusätzlich ausgebildet. Im Umkehrschluss sind nicht alle AGT einer Feuerwehr innerhalb einer ANS einsetzbar. Ähnlich wie bei anderen Sondereinheiten, z.B. ABC-Zügen, rückt die ANS somit in den übrigen Zuständigkeitsbereich der Feuerwehr, auch wachbereichübergreifend, hin aus. Hierfür stehen den jeweiligen Standorten oft multifunktionale Fahrzeuge zur Verfügung, die neben der normgerechten Beladung zusätzlich mit der Ausrüstung für die ANS ausgestattet sind (vgl. Kap. 2.2.2).

Einer *Sondereinheit* „Atemschutznotfallstaffel" gehören ausschließlich speziell ausgebildete Feuerwehrangehörige an.

■ Pro und Kontra einer Sondereinheit

Interessierte Einsatzkräfte, die sich für die Arbeit in dieser Sondereinheit melden, bringen oft eine hohe Motivation mit. Eine gewisse Identifikation mit der Tätigkeit regt die Mitglieder aktiv zur Mitarbeit und Weiterentwicklung innerhalb der Sondereinheit an. Weiterhin ermöglicht die Schulung von einer limitierten Anzahl von Einsatzkräften eine tiefgreifende und individuelle Ausbildung, was eine hohe Kompetenzstufe ermöglicht (vgl. Kap. 4). Auch die regelmäßige themenbezogene Fortbildung ist bei einer eigenständigen Sondereinheit weniger aufwendig. Dementsprechend können Neuigkeiten und Anpassungen innerhalb des eingegrenzten Personenkreises im Gegensatz zu der gesamten Mannschaft einer Feuerwehr zügig umgesetzt werden.

Wird die ANS als Sondereinheit installiert, kann durch gezieltes Training und spezielle Taktiken eine hohe Professionalisierung erzielt werden.

Die Installation einer ANS als Sondereinheit innerhalb einer Feuerwehr hat jedoch auch negative Seiten. Beispielsweise ist die Verfügbarkeit der Sondereinheit immer von verhältnismäßig wenigen Einsatzkräften abhängig. Sind diese bei einem Paralleleinsatz gebunden oder gar selbst betroffen, ist die Umsetzung oft nicht oder nur durch Kompensationsmaßnahmen möglich. Zudem darf das Thema Atemschutznotfall und SiTr nicht zu einer *„Spezialaufgabe"* erklärt werden. Die Einstellung *„Atemschutznotfall ist Aufgabe der Sondereinheit"* wäre der denkbar schlechteste Einfluss auf das reguläre Sicherheitstruppkonzept. Ferner sollte sich kein *„Kult"* um eine solche Sondereinheit aufbauen. Dies kann bei Einsatzkräften, die dieser nicht angehören, das Gefühl erzeugen, *„Atemschutzgeräteträger oder Sicherheitstrupp zweiter Klasse"* zu sein.

Im Ergebnis ist die hohe Professionalisierung durch die Installation einer ANS als Sondereinheit erwünscht. Gleichermaßen muss ein gesundes Verhältnis zu dem regulären Sicherheitstrupp- und Atemschutzkonzept geschaffen und gepflegt werden.

■ Varianten der Sondereinheit

Die Mitglieder der ANS als Sondereinheit sind bei Berufsfeuerwehren in der Regel auf einer Feuerwache untergebracht. Bei der Berliner Feuerwehr beispielsweise sind die Atemschutz-Notfall-Trainierten-Staffeln als Sondereinheiten seit dem Jahr 2012 auf drei Feuerwachen konzentriert[1]. Die Umsetzung bei Freiwilligen Feuerwehren und Feuerwehren mit hauptamtlichem Personal erfolgt zur Zeit der Recherchen als **standortbezogene** Sondereinheit und im **Rendezvous-System**. Die **standortbezogene Sondereinheit** rückt, wie bei der Berliner Feuerwehr, konzentriert von einem Standort aus. Bei dem **Rendezvous-System** rücken die Mitglieder von mehreren Standorten der Feuerwehr zu der Einsatzstelle aus, um sich vor Ort zu einer ANS zusammenzustellen. Hierbei ist wichtig, dass die erforderliche Ausrüstung der Sondereinheit mitgeführt wird und an der Einsatzstelle zur Verfügung steht.

ANS können von einem oder mehreren Standorten aus in den Zuständigkeitsbereich ausrücken. Wichtig ist, dass neben den personellen Ressourcen auch die technische Ausrüstung an der Einsatzstelle verfügbar ist.

Das Konzept der ANS als Sondereinheit findet nicht nur Umsetzung bei der *Berliner Feuerwehr.* Als landkreisweit operierende *Atemschutz-Notfall-Trainierte-Staffeln (kurz ANTS) sind die der Feuerwehren Langen und Rodgau* im Landkreis Offenbach (HE) zu nennen. Diese ergänzen sich im Rahmen der interkommunalen Zusammenarbeit. Alle Mitglieder innerhalb dieser Sondereinheiten verfügen über eine entsprechende Zusatzausbildung. Als einziger Unterschied ist die Art der Bereitschaft zu erwähnen. Während die ANTS Langen aufgrund einer einzelnen Feuerwache zentral ausrückt, arbeitet die ANTS Rodgau von ihren drei Standorten aus nach dem Rendez-

[1] http://www.berliner-feuerwehr.de/ueber-uns/spezialisten/ants/

vous-System. Die Sondereinheiten werden intern wie auch im Rahmen der interkommunalen Vorhaltung initial ab entsprechenden Alarmstichworten über eine eigene Alarmschleife alarmiert. Ihnen stehen Löschfahrzeuge zur Verfügung, welche multifunktional aufgebaut wurden und u.a. die technische Ausrüstung der ANTS mitführen[1].

2.1.2 Modulare Atemschutznotfallstaffel

Entgegen dem Konzept einer Sondereinheit, welche aus verhältnismäßig wenigen ANS-Mitgliedern besteht, bauen *modulare ANS* auf eine möglichst hohe Zahl verfügbarer AGT. Wie der Name sagt, setzt sich eine solche ANS aus Modulen zusammen. Neben der initialen Bereitstellung einer ANS, z.B. durch eine Grundeinheit (LF etc.), kann diese auch modular entwickelt werden. Dabei gilt der eigentliche SiTr mit seiner Grundausstattung, der initial in Bereitstellung steht, als erstes Modul. Ein zweiter SiTr, welcher mit zusätzlichem Gerät, z.B. einer Schleifkorbtrage, ausgestattet ist, stößt in der Bereitstellungsphase zu dem ersten hinzu. Aus beiden SiTr erwächst die ANS, die ggf. durch einen Einheitsführer ergänzt wird.

Der Ursprung der *modularen* ANS und viele Gemeinsamkeiten finden sich in der Idee der *leichten* und *schweren SiTr* wieder (Cimolino und Ridder, 2010).

Grundlegend basiert das System der *modularen* ANS darauf, dass alle AGT aus der Regelvorhaltung für die Aufgaben in dieser ausgebildet sind. Wie bei der Sondereinheit sind auch innerhalb der *modularen* ANS Kompetenzen und Aufgaben definiert, sodass Handlungsabläufe optimiert und Absprachen minimiert werden. *Modulare* ANS, die initial zusammen vorgehen und nach einem gewissen Schema agieren, werden bereits seit geraumer Zeit eingesetzt, auch wenn sie nicht immer als solche bezeichnet oder nur für besondere Einsatzlagen „formiert“ werden.

---

[1] http://feuerwehr-langen.de/sondereinheiten/ants und www.rodgau33.de

Eine modulare ANS stellt sich vor Ort, gemäß einem etablierten Einsatzkonzept, aus zwei SiTr zusammen. Entgegen einer Sondereinheit sind für die Tätigkeit innerhalb der modularen ANS alle AGT der Feuerwehr für diese Tätigkeit ausgebildet. Auch innerhalb der modularen ANS sind die Aufgaben klar verteilt und Kompetenzen zuvor zugewiesen.

Beispielsweise setzt die Feuerwehr Frankfurt am Main im Rahmen des Einsatzkonzeptes für die Brandbekämpfung in unterirdischen Verkehrsanlagen jeweils „Module“ (1/4/5 angepasst an das Staffelkonzept) mit definierten Aufgaben ein. Neben den Modulen für die primäre Gefahrenabwehr obliegen die Aufgaben des SiTr dem *Modul Sicherheit*. Dieses Einsatzkonzept stützt sich somit auf Einheiten aus der Regelvorhaltung, die vor Ort als ANS eingesetzt werden können. Zudem greift die Staffel auf Atemschutznotfallsysteme und Transportgerät aus der Regelvorhaltung zurück. Mit dieser personellen Anpassung des SiTr wird man dem erhöhten Risiko und den ausgedehnten Wegen bei Brandereignissen in unterirdischen Verkehrsanlagen gerecht.

■ Pro und Kontra der modularen Atemschutznotfallstaffel

Ein klarer Vorteil der modularen ANS ist, dass alle AGT für den Einsatz innerhalb dieser Einheit ausgebildet sind. Die Bereitstellung einer ANS ist also mit jeder Einheit zu jeder Zeit möglich, ohne auf wenige spezialisierte Kräfte warten zu müssen. Insbesondere bei besonders dynamischen Brandereignissen ist dies ein erheblicher Vorteil, da eine zügige Anpassung der Sicherheitsvorkehrungen möglich ist. Auch ist das Sicherheitsbewusstsein aller AGT durch die erweiterte Atemschutznotfallausbildung sensibilisiert. Das ist nicht nur im Falle eines Atemschutznotfalls von Vorteil, sondern ermöglicht eine Risikominimierung im Vorfeld.

Nicht unbedingt als Nachteil, aber sicherlich als ambitionierter Auftrag muss der hohe Aufwand für die zusätzliche Ausbildung aller Einsatzkräfte betrachtet werden. Bei einer Berufsfeuerwehr ist dies möglicherweise innerhalb der zentralen Brandschutzfortbildung realisierbar. Eine Feuerwehr mit ehrenamtlichen Einsatzkräften stellt diese Anforderung jedoch vor enorme organisatorische Herausforderungen. Zuletzt muss beachtet werden, dass

Taktik und Ausrüstung bei der breiten Zielgruppe von AGT immer auch alltagstauglich sein müssen. Komplizierte Spezialisierungen und allzu häufige Neuerungen sollten bei der modularen ANS vermieden werden.

Das System der modularen ANS ermöglicht jederzeit auch die kurzfristige Aufstellung an der Einsatzstelle. Dabei müssen Taktik und Technik „alltagstauglich“ sein, denn jeder AGT muss sie zu jeder Zeit um- und einsetzen können.

■ Die modulare Atemschutznotfallstaffel der Feuerwehr Dortmund

Die Feuerwehr Dortmund kann auf das Personal von neun ständig besetzten Feuer- und Rettungswachen der Berufsfeuerwehr und 21 Standorten der Freiwilligen Feuerwehr zurückgreifen. Zu den internen Einsatzkonzepten zählt u.a. die Sicherheitstrupprichtlinie, welche die grundlegenden Bestandteile des Atemschutznotfallmanagements, aber auch die flexible Entwicklung der SiTr bis hin zu der Bereitstellung einer ANS berücksichtigt. Dabei wird die Organisation des Rettungseinsatzes in zwei Stufen unterteilt. Die Bestandteile der beiden Stufen beinhalten auch die Festlegung der Arbeitsschritte und der Aufgaben der Teammitglieder. Damit wird bei wachbereichübergreifenden Einsätzen ein gleichbleibender Standard gewährleistet.

Die Stufe 1 der Sicherheitstrupprichtlinie regelt Aufgaben, technische Ausrüstung und Vorgehen des (regulären) Atemschutznotfalltrupps, kurz ANT (gleichbedeutend SiTr). Hierunter fallen alle Einsatzlagen bis zum 2. Alarm (Löschzugeinsatz). Der ANT besteht dabei aus zwei Funktionen, die u.a. eine Wärmebildkamera, eine Atemschutznotfalltasche und einen D-Schlauchtragekorb (60 m, vgl. Kap. 3.4) mitführen. Weiterhin wird ein modifiziertes Rettungsbrett, welches auf jedem Löschfahrzeug mitgeführt wird (vgl. Abb. 18), am Verteiler bereitgelegt. Im Falle eines Atemschutznotfalls geht der erste ANT vor, um den Verunfallten zu finden und diesen lageabhängig mit Atemluft zu versorgen oder eine Sofortrettung durchzuführen. Der zweite ANT übernimmt das modifizierte Spineboard am Verteiler und folgt dem ersten in den Gefahrenbereich, um diesen insbesondere bei dem Transport zu unterstützen. Hier sind eindeutig die Parallelen zu dem Konzept des leichten und schweren SiTr zu erkennen.

Die Stufe 2 der Sicherheitstrupprichtlinie beschreibt den Einsatz der ANS. Diese besteht aus vier Funktionen, wobei die Funktionen 1 und 2 innerhalb der ANS den Funktionen des ersten ANT entsprechen. Die Aufgaben der Funktionen 3 und 4 können mit dem zweiten ANT verglichen werden. Die ANS wird im Gefahrenbereich durch den Truppführer (Funktion 1) geführt. Diese standardisierte Zuteilung der Aufgaben garantiert nicht nur jederzeit ein einheitliches Vorgehen bei der Versorgung des zu Rettenden, sondern bietet zusätzlich die Möglichkeit, die ANS im Vorfeld, aber auch während des Agierens im Gefahrenbereich aufwachsen zu lassen. Bei initialer Bereitstellung der ANS wird diese mit Doppelflaschenatemschutzgeräten ausgestattet. Alternativ zu dem Rettungsbrett steht der ANS für besonders schwer zugängliche oder ausgedehnte Bereiche eine Schleifkorbtrage zur Verfügung. Alle Mitglieder sind zudem mit einem eigenen Handsprechfunkgerät ausgestattet.

Der Feuerwehr Dortmund ist es mit der Sicherheitstrupprichtlinie gelungen, eine abgestimmte Vorgehensweise aller SiTr zu gewährleisten und gleichzeitig jederzeit eine ANS installieren oder aufwachsen lassen zu können.

Abbildung 9:
Die modulare ANS der Feuerwehr Dortmund besteht zwar organisatorisch aus zwei SiTr, bildet allerdings aufgrund festgelegter Standards einen homogenen Stoßtrupp. (Quelle: FW Dortmund)

2.2 Vorhaltung

Sind die grundlegenden Entscheidungen zu Zuständigkeiten und der Art der Aufstellung gefallen, müssen nun der Bedarf an Personal und alle weiteren Voraussetzungen analysiert werden. Die Vorhaltung stellt einen wesentlichen Punkt innerhalb der Aufstellung einer ANS dar.

2.2.1 Personal

Eine ANS kann ausschließlich installiert werden, wenn ausreichend qualifiziertes Personal zur Verfügung steht. Die Arbeit innerhalb einer solchen Einheit ist physisch und psychisch in einem hohen Maß anstrengend. Die Einsatzkräfte, die hierfür in Frage kommen, müssen also vorab einige Kriterien erfüllen. Die vollumfängliche Aus- und Fortbildung zum AGT, der Erhalt der Befähigung durch die Erfüllung der Voraussetzungen gemäß der FwDV 7 und die uneingeschränkte körperliche Tauglichkeit sind nachvollziehbare Voraussetzungen. Individuelle Eigenschaften, wie beispielsweise ein gewisses Maß an Einsatzerfahrung und persönliche Stärken wie Stressresistenz und unabdingbare Teamfähigkeit kommen hinzu. Feuerwehrangehörige, die als Führungsdienst innerhalb der ANS tätig werden sollen, müssen zusätzlich über die jeweilige Führungsausbildung verfügen zuzüglich einem entsprechenden Maß an Führungswillen, -erfahrung und -stärke.

Auch wenn jede Feuerwehr über eine feststehende Anzahl an verfügbaren Einsatzkräften verfügt, limitieren die genannten Kriterien die Auswahl zugleich. Das trifft insbesondere auf ehrenamtliche Feuerwehren zu, die meist über einen sehr unterschiedlich qualifizierten Personalstamm verfügen. Hauptamtliche Feuerwehren haben den Vorteil, dass sie in der Regel entsprechend einer festen Quote besetzt sein müssen. Dennoch ist dies oft mit übergeordneten Verpflichtungen verbunden. So müssen Sonderfahrzeuge, Rettungsmittel oder Sonderfunktionen besetzt werden, was auch bei hauptamtlichen Feuerwehren eine gezielte Personalplanung erforderlich macht. Neben diesen Grundvoraussetzungen müssen die zeitlichen, personellen und infrastrukturellen Möglichkeiten bestehen, die in Frage kommenden Einsatzkräfte entsprechend aus- und fortzubilden (vgl. Kap. 4).

In vielen Gebieten müssen sich Feuerwehren, insbesondere bei größeren Brandereignissen, gegenseitig unterstützen. Der Aufbau einer ANS im Rahmen der interkommunalen Zusammenarbeit ist gleichermaßen zweckdienlich und ermöglicht in Bezug auf die Tagesalarmsicherheit eine bedarfsgerechte Vorhaltung.

■ Personalbedarf anhand der operativen Funktionsstärke der ANS

Die operative Funktionsstärke der ANS ist ein weiterer Planungsfaktor für den Personalbedarf. Der Gesamtbedarf orientiert sich an der im Einsatz benötigten Mannschaftsstärke. Hierzu zählen neben den Funktionen auch die zusätzlichen Positionen, wie Maschinist und ggf. der Führungsdienst. Freiwillige Feuerwehren sollten für die Planung des Personalbedarfs auf bewährte Personalschlüssel zurückgreifen ähnlich der Regelvorhaltung.

Alle in einer Umfrage befragten Freiwilligen Feuerwehren, die eine **Sondereinheit** ANS installiert haben, operieren mit mindestens vier und maximal fünf Funktionen im Gefahrenbereich. Hinzu kommen ein Maschinist/ Controller und z.T. ein Einheitsführer.

Abbildung 10: Darstellung des ANS-Personals im Einsatzfall. In der Regel werden insgesamt sechs Funktionen benötigt.

■ Personal-Akquise

Für die Personal-Akquise innerhalb der Feuerwehr eignen sich eine zentrale Vorstellung und die nachfolgende Ausschreibung. Hier kann bereits dargestellt werden, aus welchen Gründen und in welcher Art und Weise die ANS installiert werden soll, welche Aufgaben bzw. Ziele diese hat und welche Voraussetzungen für die Mitglieder bestehen. Bei der Einführung einer modularen ANS, die die Teilnahme aller AGT einschließt, oder der Installation einer Sondereinheit innerhalb einer hauptamtlichen Feuerwehr ist die entsprechende Präsentation der Ziele und Inhalte ebenfalls wichtig. Auch wenn die Einsatzkräfte (alle AGT) zur Mitarbeit innerhalb der modularen ANS *verpflichtet* sind, fördert die offene Einführung die aktive Mitarbeit.

■ Funktionen innerhalb der Atemschutznotfallstaffel

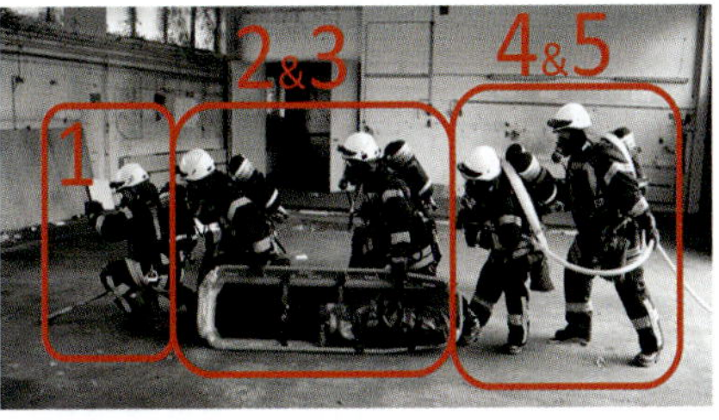

Abbildung 11a und b: Auch bei unterschiedlicher Funktionsstärke ist die Aufgabenverteilung ähnlich. (Quellen: links ANTS Kempen NRW, rechts ANTS Langen HE)

Eine ANS muss über die aufgabengerechte Funktionsstärke verfügen. Die zu bewältigenden Aufgaben müssen auf die Funktionen so verteilt werden, dass die Zusammenarbeit einen möglichst hohen Wirkungsgrad erzielt. Hierbei unterscheiden sich die etablierten ANS insbesondere bei der Führung. Je nach Einsatzkonzept verbleibt der Einheitsführer der ANS als separater Führungsdienst im Außenbereich und führt die Einheit von dort oder ist Bestandteil des im Gefahrenbereich operierenden Personals. Letzteres setzt voraus, dass sich der ANS-Führer eindeutig unterordnet, ähnlich dem Truppführer eines konventionellen SiTr. Als Kernaufgaben der Funktionen innerhalb der vorgehenden ANS gelten das Auffinden, Sichten und Versorgen, die Transportvorbereitung, der Transport und die allgemeine Sicherheit. Dabei werden die Aufgaben unter den Teammitgliedern meist paarweise aufgeteilt. Neben dem Einheits- oder Truppführer (Funktion 1/ANS-Führer) sind i.d.R. zwei Funktionen für die Versorgung und primär den Transport verantwortlich (vgl. Abb. 11 Nr. 2&3). Eine bis zwei weitere Funktionen sichern die Einheit mit der Schlauchleitung ab und unterstützen entsprechend dem Bedarf (vgl. Abb. 11 Nr. 4&5).

Eine wichtige Funktion ist die des Controllers. Der Controller unterstützt den übergeordneten Führungsdienst mit der Dokumentation und Sicherung der Atemschutzüberwachung. Ferner kann er an der Einsatzstelle unterstützen.

2.2.2 Sonstige Voraussetzungen

■ Alarmierung

Besteht die ANS als Sondereinheit aus speziell ausgebildeten Feuerwehrangehörigen, muss die Alarmierung, z.B. mittels Alarmschleifen, gewährleistet sein. Des Weiteren muss festgesetzt werden, ab welchen Alarmstichworten die ANS ausrückt. Hierfür sollte eine Alarm- und Ausrückordnung, kurz AAO, oder eine vergleichbare Anweisung eingesetzt sein. Eine initiale Alarmierung ist zu fokussieren (vgl. Kap. 1.4.3).

■ Fahrzeugtechnik

Sofern die ANS nicht ausschließlich auf bereits mitgeführtes Gerät der Regelvorhaltung zurückgreift, muss der Einheit ein Fahrzeug zur Verfügung stehen. Dies ist insbesondere bei Sondereinheiten notwendig, da in der Regel spezielles Gerät vorgehalten wird. Dabei sind die Fahrzeuge nicht ausschließlich für den Einsatzzweck der ANS auszulegen. Vielmehr bietet sich der multifunktionale Aufbau von Fahrzeugen an. Feuerwehren, die die ANS innerhalb des Regelbetriebes vorhalten, statten die jeweiligen Löschfahrzeuge zusätzlich mit dem erforderlichen Gerät aus. Für diesen Zweck sind beispielsweise alle Hilfeleistungslöschgruppenfahrzeuge (HLF) der Feuerwehr Dortmund mit der Ausrüstung für die Versorgung und den Transport eines verunfallten AGT ausgerüstet. Dabei können die modifizierten Rettungsbretter u.a. auch für die reguläre Patientenrettung genutzt werden (vgl. Kap. 3.3.1).

Die ANTS der Feuerwehr Langen (Hessen) kann auf ein Staffellöschfahrzeug (StLF 20/25) zurückgreifen, welches alle Geräte der ANTS mitführt und, entgegen den meisten anderen multifunktionalen Löschfahrzeugen, direkt in der Mannschaftskabine über Doppelflaschen-Atemschutzgeräte verfügt.

Abbildung 12a und b: Die Feuerwehr Rodgau (Hessen) hat an jedem der drei Standorte jeweils ein Löschfahrzeug mit den Geräten der ANTS ausgerüstet (links). Die Feuerwehr Hofheim/Taunus (Hessen) erstellte eine Konzeptstudie zu einer Kombination eines GW-Atemschutz mit integrierter Staffelkabine sowie Geräteräumen für das Personal und die Ausrüstung einer ANS (rechts). (Quellen: links FW Rodgau, rechts FW Hofheim/Ts.)

Bei der Berliner Feuerwehr sind die Lösch- und Hilfeleistungsfahrzeuge (LHF) der jeweiligen Feuerwachen, die eine ANTS bereitstellen, ebenfalls mit der zusätzlichen Ausrüstung ausgestattet. Auch ist die Kombination eines Gerätewagen Atemschutz mit der Beladung einer ANS denkbar (vgl. Abb. 12b).

Die Beschaffung eines Fahrzeuges ausschließlich für die ANS wurde aktuell noch nicht umgesetzt, ist aber nicht gänzlich unrealistisch. Sogenannte Atemschutzfahrzeuge (ASF), wie sie beispielsweise bei Schweizer Feuerwehren eingesetzt werden, sind meist kompakte Transportfahrzeuge der 3,5-t-Klasse, die das Material einer ANS mitführen könnten. Solche Fahrzeuge verfügen weder über eine Feuerlöschkreiselpumpe noch über einen Löschwasserbehälter. Ihre wendige und bedarfsgerechte Bauart macht sie jedoch zu interessanten Alternativen für Sondereinheiten. Gleiches trifft auf Klein-Lösch-Fahrzeuge (KLF) oder ähnliche Typen zu.

2.3 Selbstkontrolle und Testfragen

(Lösungen siehe Seite 104)

1. In welcher Form unterscheiden sich modulare ANS und Sondereinheiten?

a) Die ANS als Sondereinheit gibt es nur bei Berufsfeuerwehren.
b) Modulare ANS greifen auf eine möglichst große Anzahl von AGT aus der Regelvorhaltung zurück.
c) Sondereinheiten sind meist spezialisierter, verfügen jedoch nur über einen limitierten Personalpool.

2. Mit welcher Funktionsstärke arbeiten ANS im Gefahrenbereich?

a) 1/3/4 oder 1/4/5
b) Mindestens 1/2/3

3. Welchen Vorteil haben modulare ANS gegenüber Sondereinheiten?

a) Jede Grundeinheit (LF/HLF) kann eine ANS stellen.
b) ANS können vor Ort und im Gefahrenbereich „aufwachsen“, da es ein einheitliches Konzept gibt.
c) Das Thema Atemschutznotfall wird nicht als „Sonderaufgabe“ interpretiert.

4. Welche Möglichkeiten sollten insbesondere in ländlichen Bereichen genutzt werden?

a) Eine ANS wird im ländlichen Bereich nicht benötigt.
b) ANS sollten die SiTr gänzlich ablösen.
c) ANS sollten im Rahmen der interkommunalen Zusammenarbeit installiert werden.

3 Technische Ausrüstung und Gerät

Der Blick in die Welt der Feuerwehrausrüstung zeigt, dass es für annähernd jede Aufgabe ein Gerät gibt. Die Ausrüstung einer ANS muss bedarfsgerecht sein, nicht weniger, aber bitte auch nicht mehr. Die Ausrüstung sollte sich zudem so auf die Funktionen aufteilen, dass Synergien genutzt werden, ein hoher Wirkungsgrad resultiert und sich eine verhältnismäßig ausgeglichene Belastung der Teammitglieder ergibt.

Bei der Ausrüstung einer ANS muss sich die Technik nach der Taktik richten. Ein Zuviel an Ausrüstung ist meist kontraproduktiv und schränkt die ANS in ihrer Flexibilität ein. Das Ziel ist die schnelle Rettung verunfallter AGT!

Abbildung 13a und b: Die etablierten ANS haben die Ausrüstung auf die Funktionen aufgeteilt. (Quellen: links FW Langen HE, rechts FW Kempen NRW)

Für den Einsatz einiger Geräte und Ausrüstungsgegenstände oder die Kombination mehrerer Komponenten müssen im Vorfeld Gefährdungsbeurteilungen erstellt werden.

3.1 Atemschutztechnologie

Für die Tätigkeit in ausgedehnten oder komplexen Objekten müssen insbesondere die Faktoren Atemluftvorrat und Gewicht in die Beurteilung einfließen. Auf Grundlage der Einsatzgrundsätze gemäß der FwDV 7 (vgl. Kap. 1.2) in Verbindung mit den Aufgaben einer ANS (vgl. Kap. 1.3) muss der Einsatz von Atemschutzgeräten mit einem erhöhtem Atemluftvorrat in Betracht gezogen werden. Die Auswahl von Atemschutzgeräten, die über einen erweiterten Atemluftvorrat verfügen, begrenzt sich auf drei Optionen. Neben **Regenerations- bzw. Kreislaufgeräten** können Atemschutzgeräte mit **zwei 6,8-L-Composite-Flaschen** oder Atemschutzgeräte mit einer **9-L-Composite-Flasche** eingesetzt werden.

Bei der Auswahl der Atemschutzgeräte für die ANS muss eine interne Bedarfsplanung erfolgen. Als wichtige Kriterien gelten der Atemluftvorrat, die Ergonomie und Sicherheitskomponenten.

Der Einsatz von **Regenerations- bzw. Kreislaufgeräten** wird durch Faktoren wie die körperliche Leistungsfähigkeit, aber auch durch den enormen finanziellen und logistischen Aufwand limitiert. Die kostenintensive Beschaffung von Regenerations- bzw. Kreislaufgeräten, ausschließlich für eine ANS, liegt in keinem Verhältnis zu dem resultierenden Nutzen.

Das mit **zwei 6,8-L-Composite-Flaschen** ausgerüstete Atemschutzgerät ist das am häufigsten verbreitete Atemschutzgerät bei ANS. Mit einem theoretischen Luftvolumen von mehr als 3.600 Litern bietet diese Variante den doppelten Atemluftvorrat wie ein herkömmliches Atemschutzgerät. Die Gefahr, dass die Team-Mitglieder eine Rettungsaktion aufgrund mangelnder Atemluft vorzeitig abbrechen müssen, ist unwahrscheinlich. Ein weiterer Vorteil ist, dass der erweiterte Atemluftvorrat am ehesten den Anschluss eines weiteren Verbrauchers ermöglicht (siehe Zweitanschluss). Organisatorisch ist die Variante mit zwei 6,8-L-Composite-Flaschen einfach umsetzbar, da die Kombination von vielen Trägerplatten mit zwei 6,8-L-Composite-Flaschen durch ein T-Stück am Druckminderer möglich ist. Das Gewicht von 18 kg und auch die Abmessungen müssen allerdings als Nachteile genannt werden.

Abbildung 14a und b: Doppelflaschenatemschutzgerät im Vergleich zu einer Flasche (links); integrierte CPUs oder Telemetrie informieren bei Erreichen von Warnschwellen (rechts).

Selten bei deutschen Feuerwehren anzutreffen sind Atemschutzgeräte mit einer **9-L-Composite-Flasche.** Als klarer Vorteil dieser Variante, mit einem Atemluftvorrat von mehr als 2.400 Litern, muss das Verhältnis von Gewicht zu erhöhtem Atemluftvorrat genannt werden. Im Gegensatz zu einer 6,8-L-Composite-Flasche hat sie ein Mehrgewicht von rund 20 %. Bei einem zusätzlichen Atemluftvolumen von rund 30 % überwiegt der Nutzen im direkten Vergleich. Das macht die 9-L-Flasche zu einer echten Alternative.

Eine begründete Entscheidung zur Auswahl des benötigten Atemluftvorrates und des entsprechenden Atemschutzgerätes kann nur auf Grundlage einer qualifizierten Bedarfs- und Gefährdungsanalyse erfolgen.

An den Atemschutzgeräten integrierte Anzeige- und Schutzsysteme, die den AGT über den aktuellen Behälterdruck informieren sowie bei gewissen Schwellenwerten akustisch o.ä. warnen und als Notsignalgeber verwendet werden können, sind sinnvoll (vgl. Abb. 14b). Insbesondere im Falle des Anschlusses eines weiteren Verbrauchers nimmt die Überwachung des Behälterdrucks eine noch wichtigere Rolle ein (siehe Zweitanschluss).

■ Zweitanschluss

Der Zweitanschluss oder Rettungsanschluss ist ein zusätzlicher Mitteldruckanschluss am Atemschutzgerät, der das Ankuppeln eines zweiten Lungenautomaten oder einer Rettungshaube ermöglicht. Mit diesem können mobile AGT, wie z.B. der Trupp-Partner des primären Verunfallten, im Bedarfsfall mit Atemluft aus einem der ANS-Atemschutzgeräte versorgt werden. Das trifft selbstredend auch auf den Fall eines Defektes innerhalb der ANS zu. Grundvoraussetzung hierfür ist ein ausreichender Atemluftvorrat des Retters. Die Einsatzzeit der Atemschutzgeräte wird durch den Einsatz des Zweitanschlusses selbstredend limitiert (Planung). Ferner muss die Person an dem Zweitanschluss unter der physischen Kontrolle des Retters sein.

Abbildung 15a und b: Zweitanschlüsse an Atemschutzgeräten können zur zügigen Versorgung weiterer AGT verwendet werden.

3.2 Atemluftnotfallversorgung

Der zu Rettende soll so schnell wie möglich aus dem Gefahrenbereich gebracht und an den Rettungsdienst übergeben werden. Sofern dies nicht unverzüglich möglich ist, insbesondere bei dem Transport über weite Wege, ist die lageorientierte Atemluftnotfallversorgung notwendig. Diese befindet sich in einem Atemschutznotfallsystem, das i.d.R. aus einer Tragetasche, innenliegender Atemluftflasche mit angeschlossener Pneumatik, zusammengesetzt aus Druckminderer, verlängerter Mitteldruckleitung und ggf. Verteiler- bzw. Y-Stück, sowie einem Atemanschluss besteht.

Das Ziel des Einsatzes von Atemschutznotfallsystemen ist, einen verunfallten oder in Not geratenen AGT mit Atemluft zu versorgen, sofern dies erforderlich ist.

Die **Atemluftflasche** besteht i.d.R. aus Verbundwerkstoff mit einem Volumen von 6 bis 9 Litern. In der Tragetasche müssen Atemluftflasche und Ventil adäquat gegen Herausfallen gesichert sowie gegen äußere Einflüsse geschützt sein. Die **Tragetaschen** für Atemschutznotfallsysteme werden derzeit in einer eher üppigen Baugröße vertrieben. Der Vorteil ist, dass weiteres Material integriert werden kann. Bei ANS sollte die Tragetasche optional an oder in dem Transportgerät befestigt werden können, um den Verunfallten gesichert und mit angeschlossenem Atemschutznotfallsystem transportieren zu können. Tragetaschen kleinerer Baugröße tragen weniger auf und können leichter in das Transportgerät integriert werden. Auch die auf dem Markt angebotene **Pneumatik** der verschiedenen Anbieter ähnelt sich. Die Mitteldruckleitung sollte auch unter Druck leicht zu kuppeln sein und über eine Zugentlastung (Karabiner) verfügen. Welche Atemanschlüsse benutzt werden, kommt auf die festgelegten Standards an.

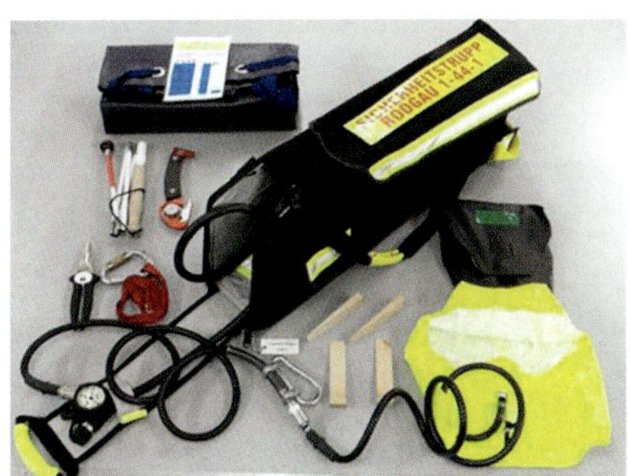

Abbildung 16a und b: Atemschutznotfallsysteme bestehen aus mehreren Komponenten. Sie können einzeln in einer Tragetasche mitgeführt werden (links) oder bedarfsweise an dem Transportgerät befestigt werden (rechts). (Quellen: links FW Rodgau HE, rechts FW Langen HE)

3.2.1 Rettungshauben

Wenn der zu Rettende bewusstlos ist bzw. eine Bewusstlosigkeit droht, ein Defekt an dem Atemanschluss besteht oder er das Material bereits abgelegt haben sollte, muss ein intakter Atemanschluss eingesetzt werden. Der Wechsel einer konventionellen Maske ist aufgrund der Handhabung schwierig und fehleranfällig. Aus diesem Grund greifen viele ANS (und Sicherheitstruppkonzepte) auf Rettungshauben zurück. Rettungshauben sind schwer entflammbare Kopfhauben mit einem frontseitigen Sichtfenster. Sie verfügen über eine Mitteldruckleitung, welche die Haube mit einer konstanten Luftzufuhr, ca. 50–60 l/min, versorgt. Durch den pauschalen Luftstrom wird eine drohende Atmung in und aus einem „Totraum" (bei zu schneller oder flacher Atmung) vermieden. Diese Hauben eignen sich somit auch bei bewusstlosen Kameraden sehr gut für das schnelle Herstellen der Atemluftversorgung. Rettungshauben unterscheiden sich zwar kaum in der Verwendung, dennoch lohnt sich der Vergleich, denn neben Rettungshauben mit Zugbändern, welche die Hauben am Hals abdichten sollen, gibt es Modelle mit aufblasbaren Kragen. Das hat den Vorteil, dass der Retter die Haube nur überziehen muss und sich diese von selbst abdichtet. Weiterhin haben einige Rettungshauben ein Überdruckventil auf der Oberseite, über welches Schadstoffe, die beim Überziehen in der Haube gefangen wurden, evakuiert werden.

Abbildung 17a und b: Rettungshauben sind für Notfallsituationen konzipiert und meist leicht einsetzbar. Sie eignen sich aufgrund der kontinuierlichen Luftzufuhr auch für die Atemluftversorgung bewusstloser zu Rettender im Gefahrenbereich.

Rettungshauben können verhältnismäßig leicht über den Kopf des zu Rettenden gezogen werden. Die einfache Handhabung und die zweckmäßigen Eigenschaften sind insbesondere bei der Versorgung bewusstloser Personen oder im Falle einer notwendigen Sofortrettung ausschlaggebend.

Der Einsatz von Rettungshauben mit einer autarken Atemluftversorgung ist am sinnvollsten. Der Anschluss von Rettungshauben über den Zweitanschluss eines Retters sollte insbesondere bei ANS ausschließlich über Atemschutzgeräte mit erweitertem Atemluftvorrat erfolgen, denn dieser nimmt mit dem kontinuierlichen Luftstrom pro Minute ab. Die regelmäßige Kontrolle des verbleibenden Atemluftvorrates hat dann höchste Priorität. Neben der primären Rettungshaube, die i.d.R. an dem Atemschutznotfallsystem angeschlossen ist, werden innerhalb der ANS oftmals zusätzliche Rettungshauben mitgeführt, um mehrere AGT versorgen zu können oder interne Defekte zu kompensieren.

3.3 Transportgeräte

Der zügige Transport eines verunfallten AGT über längere Strecken, insbesondere mit Geschosswechseln, ist nur möglich, wenn die Retter über ein adäquates Transportgerät verfügen. Wichtige Kriterien bei der Auswahl sind Handling, Eigengewicht, Griffmöglichkeiten und Multifunktionalität. Grundlegend sollten die Transportgeräte für die Schonende und zur Schnellen Rettung eines Verunfallten geeignet sein.

Die Wahl des richtigen Transportgerätes kann oft erst nach einem Praxistest getroffen werden. Auch bei den Transportgeräten stehen Multifunktionalität und der bedarfsgerechte Nutzen im Vordergrund. Bestenfalls ist das Transportgerät für die Schonende und die Sofort-Rettung geeignet.

3.3.1 Rettungsbretter

Das Rettungsbrett, auch Spine- oder Backboard, wird zahlreich bei deutschen Feuerwehren vorgehalten. Es wird meist in der technischen Unfallrettung angewendet, wenn der Verdacht von Wirbelsäulenverletzungen besteht. Das geringe Gewicht von 6 bis 9 kg und die vielfältigen Einsatzmöglichkeiten ergänzen die rettungsdienstüblichen Transportgeräte oft sinnvoll. Das sowie zahlreiche Hand-Eingriffe und die Tatsache, dass der Umgang oft geläufig ist, machen das Rettungsbrett für ANS interessant. Innerhalb der Atemschutznotfallrettung wird es in Kombination mit einem Gurtsystem oder spezieller Klettmanschetten (vgl. Abb. 18) eingesetzt, welche den zu Rettenden auf dem Rettungsbrett fixieren. Um den Kopf gegen Herunterfallen zu schützen, wird er mit einer Kopffixierung gesichert. Weiterhin ergänzen an den Enden angeschlagene Bandschlingen zum Ziehen das Rettungsbrett.

Neben dem geringen Gewicht und den vielfältigen Einsatzmöglichkeiten gibt es aber auch nennenswerte Nachteile. Eine Sofortrettung des zu Rettenden aus einem primären Gefahrenbereich durch einfaches Darauflegen und Herausziehen ist wegen der fehlenden Umrandung nicht möglich. Der Verunfallte würde ohne Fixierung herunterrutschen. Das Fixieren mittels Gurtsystem und Kopfsicherung ist bei guter Sicht und ohne Atemschutz bereits anspruchsvoll. Innerhalb der Atemschutznotfallrettung addieren sich hierzu die widrigen Einflüsse des Gefahrenbereichs, was gerade unter Stress zu einer erhöhten Fehlerquote führt. Feuerwehrangehörige, die dann auf dem Brett fixiert sind, überlagern aufgrund der Körpermaße und wegen der Feuerschutzkleidung meist die Hand-Eingriffe, was ein ungehindertes Greifen des Brettes oft verzögert oder gar ausschließt. Auch das Befestigen des Atemschutznotfallsystems ist kompliziert, da es ohne Fixierung ebenfalls herunterrutscht. Zuletzt lässt sich ein Rettungsbrett aufgrund der flachen Bauform weniger gut über Hindernisse, wie Schläuche oder Stufen, ziehen.

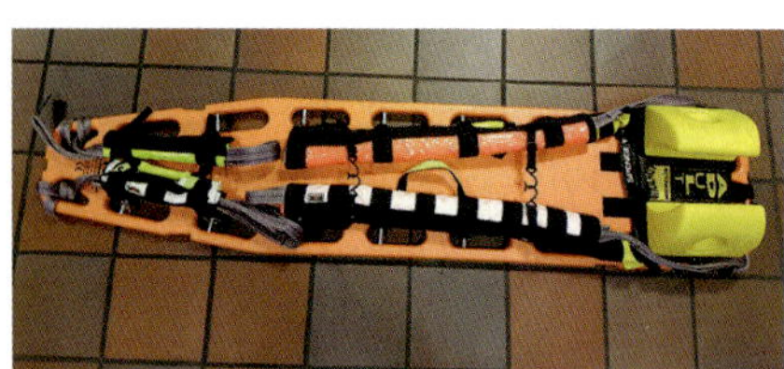

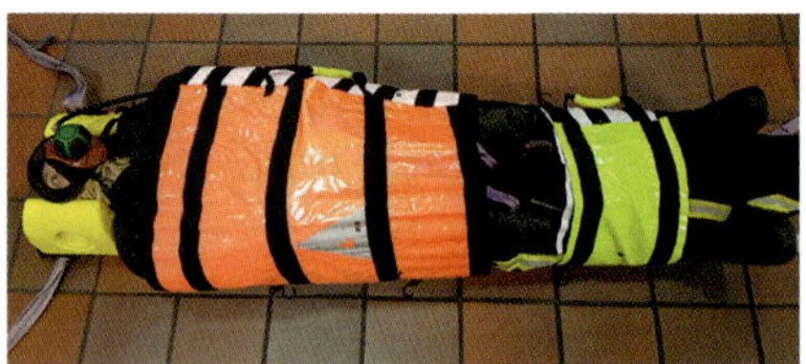

Abbildung 18a und b: Die ANS der FW Dortmund setzt ein modifiziertes Rettungsbrett mit speziellem Sicherungssystem ein. (Quelle: FW Dortmund)

Rettungsbretter sind leichtgewichtige Multitalente für den universellen Einsatz innerhalb der Feuerwehr. Für den Einsatz bei der Atemschutznotfallrettung müssen allerdings die bauformbedingten Nachteile, wie die Notwendigkeit, den zu Rettenden immer fixieren zu müssen, die gegebenenfalls überlagerten Hand-Eingriffe und den höheren Aufwand beim Transport in die Beurteilung einfließen.

3.3.2 Schleifkorbtrage

Die Schleifkorbtrage wird oft der Rettung verletzter Personen aus unwegsamen Gelände oder dem Transport aus Gebäuden (über den baulichen Weg oder Hubrettungsfahrzeuge) zugerechnet. In Bezug auf die Atemschutznotfallrettung schrecken Schleifkorbtragen zunächst wegen ihrer Baugröße und des verhältnismäßig hohen Eigengewichtes (meist doppelt so schwer wie Rettungsbretter) ab. Die signifikante, wannenförmige Bauform mit den umlaufenden Seitenwänden sowie Hand-Eingriffen ist aber auch gleichermaßen der größte Vorteil dieser Transportgeräte. Ein sofortiges Einlagern des zu Rettenden und das schnelle Herausziehen aus dem primären Gefahrenbereich ist in größter Not auch ohne eine Fixierung möglich, da die seitlichen Wände ein Herausrutschen verhindern. Auch das Greifen der Schleifkorbtrage ist durch viele Einzeleingriffe oder gar eine umlaufende Reling sehr gut möglich. Entgegen dem Rettungsbrett oder Halbschalensystemen kann der zu Rettende mit einfachen Quergurten gesichert werden. Auch der Kopf ist in der Wanne besser geschützt und muss nicht zusätzlich fixiert werden (sofern nicht aufgrund des Verletzungsmusters erforderlich). Auf dem Markt werden Schleifkorbtragen mit verschiedensten Applikationen und in unterschiedlichsten Varianten angeboten.

Für die Arbeit innerhalb einer ANS eignen sich Schleifkorbtragen mit einer umlaufenden Reling, damit die Retter nicht nach Griffaussparungen suchen müssen und auch an den beiden Enden gut zugreifen können (vgl. Abb. 20a). Weiterhin sollten entsprechende Gleitkörper ein möglichst reibungsarmes Ziehen ermöglichen. Auch das Herablassen oder Heraufziehen über Treppenstufen wird durch die Gleitkörper und die Bauform begünstigt.

Abbildung 19a und b: Schleifkorbtragen werden aus unterschiedlichem Material und in verschiedenen Bauformen angeboten (links). Über viele Gegenstände können Schleifkorbtragen hinweggezogen werden (rechts).

Ferner besteht die Möglichkeit, die Tragetasche des Atemschutznotfallsystems bereits vorfixiert in der Schleifkorbtrage mitzuführen und bestenfalls in dieser zu belassen (vgl. Abb. 16b). Teilbare Schleifkorbtragen können zwar platzsparend gelagert und einfacher mitgeführt werden, müssen aber spätestens im Gefahrenbereich verbunden werden, was zeit- und arbeitsaufwendig ist.

Abbildung 20a und b: Für die Aufgaben der ANS eignen sich besonders gut Modelle, die über eine umlaufende Reling verfügen. Ein Herausrutschen ist bei Korbtragen unwahrscheinlich.

Schleifkorbtragen sind entgegen dem ersten Anschein multifunktionale Transportgeräte, die aufgrund ihrer Bauform viele Vorteile haben. Die seitlichen Wände schützen und immobilisieren den zu Rettenden. Zahlreiche Griffmöglichkeiten sowie der schlittenähnliche Rumpf erleichtern den Transport und zusätzlich kann das Atemschutznotfallsystem gut integriert werden.

3.3.3 Halbschalensysteme, forminstabile Transportgeräte, Tragetücher und Bandschlingen

Halbschalensysteme und forminstabile Transportgeräte, wie Korsetttragen, werden häufig bei der Rettung verunfallter Personen aus exponierten Bereichen genutzt. Sie haben meist eine kompakte Transportgröße wie auch ein geringes Gewicht. Dieser Nutzen ist beim Weg zu dem zu Rettenden sicher ein Vorteil, da die Retter zügiger vorgehen können. Aufgrund der kompakten Bauform entsteht jedoch gleichermaßen ein Nachteil, denn insbesondere bei den Halbschalensystemen kann der zu Rettende nicht vollständig in dem Transportgerät gelagert werden. Der Transport gestaltet sich hierdurch komplizierter, da die Griffmöglichkeiten limitiert sind und die heraushängenden Körperteile, meist die Beine des zu Rettenden, den Transport zusätzlich erschweren.

Abbildung 21a und b: Links eine halbe Schleifkorbtrage für den Transport des zu Rettenden, rechts ein forminstabiles Transportgerät, welches „aufgehalten" werden muss (Quelle links: Feuerwehr Sulzbach)

Forminstabile Transportgeräte, die aus einem flexiblen Kunststoff bestehen, können u.a. eingerollt zu dem zu Rettenden gebracht werden. Dies ist zwar ein Vorteil für den Hinweg, stellt jedoch vor der Nutzung die Anforderung, dass sie „entrollt“ werden müssen. Viele dieser Produkte haben dann das Bestreben, sich zurückzurollen. Bis also der zu Rettende in dem Transportgerät liegt, muss dieses durch Daraufstellen oder Abstützen in Form gehalten werden (Abb. 21b).

Auch wenn sich die forminstabilen Transportgeräte oder Halbschalensysteme hervorragend für die Rettung aus sehr engen Bereichen (Rettung aus Höhen und Tiefen, Berg- und Höhlenrettung) eignen, stoßen sie innerhalb der Rettung von AGT schnell an ihre Grenzen. Neben unzureichendem Platz für Patient **und** Atemschutznotfallsystem können solche Transportgeräte in engen Bereichen, wie Treppenräumen oder engen Fluren, nicht aufgestellt oder ohne Weiteres einseitig angehoben werden. Weiterhin ist der Transport über Treppen und Hindernisse zwar möglich, aber im Vergleich zu formstabilen Transportgeräten als weniger optimal zu beurteilen.

Tragetücher (Berge- bzw. Rettungstücher) und Bandschlingen werden oft von SiTr eingesetzt, da sie im zusammengefalteten Zustand leicht mitgeführt und vor Ort zügig zum Einsatz gebracht werden können. Innerhalb der ANS dienen sie meist nur als Ausfallreserve.

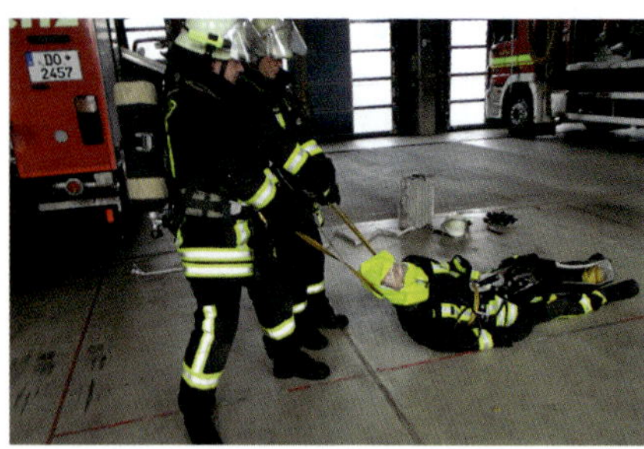

Abbildung 22a und b: Bandschlingen und Tragetücher werden von konventionellen SiTr eingesetzt, da sie sich primär für die Sofortrettung über kurze Wege eignen. (Quellen: links FW Dortmund, rechts FW Langen HE)

Halbschalensysteme und forminstabile Transportgeräte können aufgrund der Kompaktheit zügig mitgeführt werden. Sie eignen sich meist nur für die (Sofort-)Rettung mit wenig Personal oder für die Rettung Verunfallter aus sehr engen Bereichen. Ihre Multifunktionalität leidet aufgrund der limitierten Bauformen, was beispielsweise das Zugreifen der Retter stark einschränkt.

3.4 Eigenschutz und Schlauchmanagement

Die Einsatztaktik einer ANS fokussiert klar die Rettung eines verunfallten oder in Not geratenen AGT. Auch wenn die Brandbekämpfung hier eine untergeordnete Rolle spielt, darf sie schon aufgrund des Eigenschutzes in solch risikoreichen Einsatzszenarien wie dem Atemschutznotfall nicht vernachlässigt werden. Zudem werden die Schlauchleitungen auch als Rückwegsicherung verwendet. Im Nachfolgenden werden primär die technischen Möglichkeiten für das Mitführen von Schlauchleitungen in den Gefahrenbereich zum Eigenschutz betrachtet.

Im Voraus muss die Frage gestellt werden, wie ein möglichst hoher Eigenschutz der ANS gewährleistet werden kann und zugleich ein zügiges Vorgehen möglich ist.

3.4.1 Schlauchdurchmesser und -länge

Die Wahl des „richtigen“ Schlauchdurchmessers ist u.a. abhängig von dem benötigten Volumenstrom. Das ist eine lageabhängige Entscheidung auf Grundlage der aktuellen Beurteilung. Mit steigendem Durchmesser ist zwar ein größerer Volumenstrom möglich, jedoch steigen zeitgleich die Gesamtmasse der Schlauchleitung und der damit verbundene Aufwand bei der Vornahme. ANS arbeiten gegenwärtig sowohl mit C- als auch mit D-Leitungen. Der Wirkungsgrad der D-Leitung profitiert durch das Verhältnis von möglichem Volumenstrom und resultierendem Eigengewicht. Das macht die D-Leitung für die (zügige) Atemschutznotfallrettung attraktiv. Aufgrund des seltenen Einsatzes von D-Leitungen während der regulären Brandbekämpfung in Gebäuden sollen hier die Vorteile der kompakten Leitung aufgezeigt werden.

Die Leistungsfähigkeit der D-Leitung in Verbindung mit einem adäquaten Hohlstrahlrohr profitiert durch Faktoren wie einem ausreichend hohen Volumenstrom (von weit über 100 l/min[1]), einer adäquaten Wurfweite (de Vries, 2016) und dem geringen Gewicht[2]. Im Ergebnis bietet die D-Leitung eine verhältnismäßig sichere Vorgehensweise bei geringem Aufwand. Ferner kann die D-Leitung eindeutig von den C-Leitungen der Angriffstrupps unterschieden werden, was sie insbesondere als Rückwegsicherung unverwechselbar macht.

Bezüglich Aufwand, Schnelligkeit sowie Zweckmäßigkeit kann der D-Leitung im Ergebnis ein hoher Wirkungsgrad zugeschrieben werden.

Abbildung 23: Viele ANS und SiTr arbeiten mit D-Leitungen. Hierfür sprechen die einfache Handhabung und das geringe Gewicht bei verhältnismäßig hohem Volumenstrom. Dadurch ist der Wirkungsgrad der D-Leitung ausschlaggebend. Der Umgang sollte zuvor unter realen Bedingungen trainiert werden. (Quelle: FW Kempen NRW)

---

1 Es ist davon auszugehen, dass dies für den Großteil der Brandereignisse in Deutschland adäquat ist (de Vries, 2016), insbesondere für die Maßnahme des Eigenschutzes.

2 Das Gesamtgewicht (Eigenmasse und Wasserinhalt) einer 60 m D-Leitung liegt bei rund 40 kg und ist somit 60 kg leichter als eine gleich lange C-Leitung (Durchmesser 42 mm, ca. 100 kg) und 107 kg leichter als eine C-Leitung mit einem Durchmesser von 52 mm (147 kg) (de Vries, 2016).

3.4.2 Taktik Schlauchvornahme

Die etablierten ANS arbeiten, sofern es die Lage gestattet, mit D-Leitungen. Dabei unterscheiden sie sich in ihrer Vorgehensweise darin, ob sie mit trockenen oder gefüllten Schläuchen vorgehen.

■ Vornahme einer trockenen Schlauchleitung

Das Nachziehen einer trockenen Schlauchleitung von außen nach innen hat sich in der Praxis als wenig geeignet erwiesen, da sich der gefaltete Schlauch unter geöffneten Türen und anderen Gegenständen verklemmen kann. Als praktikabel gilt die Vorgehensweise mit einer auslaufenden Schlauchreserve, wie sie bei der Feuerwehr Dortmund umgesetzt wird. Standardgemäß und sofern es die gegenwärtige Beurteilung des zuständigen Führungsdienstes erlaubt, führen die Dortmunder SiTr wie auch die modulare ANS einen kompakten Schlauchtragekorb mit klappbarer Seitenwand sowie innenliegender Trennwand, inklusive 60 m D-Leitung und einem D-Hohlstrahlrohr (Volumenstrom max. 150 l/min) mit. Die D-Leitung wird an dem Verteiler angekuppelt und läuft während des Vorgehens aus dem Tragekorb aus. Vor Ort oder sofern es die Lage im Gefahrenbereich erforderlich macht, kann die Schlauchreserve jederzeit aus dem Korb herausgenommen und unter Druck gesetzt werden. Diese Vorgehensweise findet ihre Argumente in den folgenden Vorteilen:

- Da die Schlauchreserve unmittelbar mitgeführt wird, muss diese nicht hinterhergezogen werden, es entsteht keine Reibung und der bereits ausgelegte Schlauch ist einsatzbereit.
- Durch das eigenständige Auslaufen der D-Leitung kann die Einheit sehr zügig vorgehen, auch bei Geschosswechseln oder an Ecken.
- Im Bedarfsfall kann die D-Leitung aufgrund der Konstruktion des Schlauchtragekorbes sofort einsatzbereit gemacht werden.

Abbildung 24a und b: Das Auslaufen des D-Schlauches ist möglich, ohne dass die Schlauchreserve hinterher gezogen werden muss. Im Bedarfsfall wird die restliche Reserve ausgeladen. (Quelle: FW Dortmund)

Das sichere Vorgehen setzt voraus, dass der Verteiler, an dem die Leitung angeschlossen ist, besetzt ist, um im Bedarfsfall unverzüglich „Wasser marsch“ geben zu können. Wichtig beim Verlegen ist zudem, dass der Schlauch nicht unter Türen o.Ä., verlegt wird, da das den Durchmesser schmälern oder den Schlauch gar „abklemmen“ kann. Weiterhin ist zu beachten, dass das Sichern der Schlauchleitung, beispielsweise in Treppenräumen, nur bedingt möglich ist, da der Durchmesser durch das Sicherungsmaterial ebenfalls eingeschränkt wird. Auch die Prophylaxe, wie die Kühlung von Rauchschichten o.Ä., ist mit dieser Taktik nicht ohne Weiteres möglich. Zuletzt muss klar sein, dass eine geringe Wartezeit nach dem „Wasser marsch“ besteht, da der Schlauch zunächst gefüllt werden muss.

Das Vorgehen mit einer trockenen Schlauchleitung empfiehlt sich, sofern sich das Risiko durch Brandeinwirkungen im Gefahrenbereich eindeutig eingrenzen lässt. Das Verlegen durch Auslaufen aus einem Schlauchtragekorb ist dem Hereinziehen der trockenen Schlauchleitung vorzuziehen, da keine Reibung entsteht und die Schlauchreserve einsatzbereit ausgelegt wird. Über die Wartezeit, bis im Bedarfsfall Wasser am Rohr ansteht, muss man sich bewusst sein.

■ Vornahme einer gefüllten Schlauchleitung

Auch bei der Vornahme gefüllter Schlauchleitungen steht das zügige Vorgehen der Einheit im Vordergrund. Die Vornahme von gefüllten D-Leitungen ist im Vergleich zu C-Leitungen aufgrund des geringeren Gesamtgewichtes weitaus praktikabler. Neben der klassischen Variante der vorbereiteten Buchten vor dem Eingangsbereich besteht auch die Möglichkeit, **Schlauchpakete** einzusetzen.

Die Vorgehensweise mit Schlauchpaketen ist sehr flexibel. So können zwei Schlauchpakete à 30 m außerhalb des Gefahrenbereichs verbunden werden. Das spart Platz, macht es aber erforderlich, dass die gesamten 60 m nachgezogen werden, da die Schlauchreserve außerhalb liegt.

Die Vorgehensweise der ANTS Langen (HE) unterscheidet sich hierzu. Aufgrund einer langfristigen Beurteilung und der Revision vergangener Einsätze in ausgedehnten Gebäuden setzt die ANTS Langen (HE) bis zu drei D-Schlauchpakete von jeweils 30 m ein. Sofern es das Objekt also erforderlich macht, können die drei D-Schlauchpakete, die mit Kugelhähnen ausgestattet sind, selektiv bis zu einer Gesamtlänge von 90 m verbunden werden; auch während des Vorgehens. Hierfür führen zwei Funktionen je ein Paket mit. Das erste Schlauchpaket wird an dem Verteiler angeschlossen und mit Wasser versorgt. Ist der 30 m lange Schlauch gefüllt, kann sehr zügig vorgegangen werden, bis die Schlauchreserve aufgebraucht ist. Wird mehr Schlauch benötigt, wird das Absperrorgan geschlossen, das Hohlstrahlrohr abgekuppelt und Schlauchpaket 2 (führt Funktion 4 mit) angeschlossen. Das Hohlstrahlrohr wird an das Ende von Schlauchpaket 2 angekuppelt und Absperrorgan 1 wird wieder geöffnet. Nachdem die Leitung entlüftet ist, kann ab diesem Punkt mit der neuen Reserve von 30 m vorgegangen werden. Wenn mehr als 60 m D-Schlauch benötigt werden, kann der Prozess mit dem Schlauchpaket 3 (führt Funktion 5 mit) wiederholt werden. Das Verlängern der Schlauchleitung nimmt bei den trainierten Mitgliedern der Sondereinheit ein Zeitfenster von maximal 30 Sekunden in Anspruch. Dafür kann jederzeit auf die einsatzbereite Schlauchleitung zurückgegriffen werden.

Abbildung 25a bis d: Die Taktik der ANTS Langen (HE) ermöglicht ein zügiges Vorgehen bei einem hohen Sicherheitsniveau.

Unabhängig vom Durchmesser und ob mit einer trockenen oder gefüllten Schlauchleitung vorgegangen wird, sollten immer 30 m lange Schläuche verwendet werden. Das minimiert die Gefahr, dass Kupplungen hängen bleiben und vermindert die Reibung des Löschwassers (de Vries, 2016).

Moderne **Schlauchmanagement-Systeme**, z.B. die Tacbag, kombinieren die Vorteile. Die Tacbag besteht aus einer formstabilen D-Schlauchleitung auf einer kompakten Systemtrommel und einer kurzen Abgabeleitung. Sie kann am Verteiler angeschlossen, unverzüglich mit Wasser versorgt und an der Grenze des Gefahrenbereichs in Bereitstellung genommen werden. Während des Vorgehens wird die Schlauchreserve auf der gelagerten Rolle in der Tasche hinterhergezogen und der benötigte Schlauch rollt sich eigenständig ab. Ein mühevolles Nachziehen der Schlauchleitung, insbesondere an Ecken, Kanten und Gegenständen, entfällt. Der Volumenstrom von 230–250 l/min macht das rund 30 m lange System zu einer erwähnenswerten Alternative.

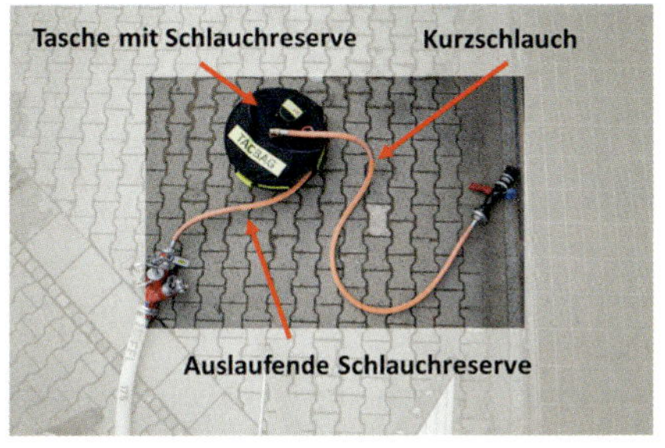

Abbildung 26a und b: Modernes Schlauchmanagement (Quelle: M. Rauch)

3.5 Spezifisches Equipment

Die Aufgaben der ANS machen eine Vielzahl von Arbeiten im Gefahrenbereich möglich. Trotz des Bestrebens, so wenig Gerät wie möglich mitzuführen, ist zusätzliches Equipment notwendig. Sicherungsmaterial, Türkeile oder Bandschlingen bzw. Schlauchhalter, Wärmebildkameras, Brechwerkzeug, Scheren/Cutter und andere Geräte vereinfachen das Vorgehen der ANS.

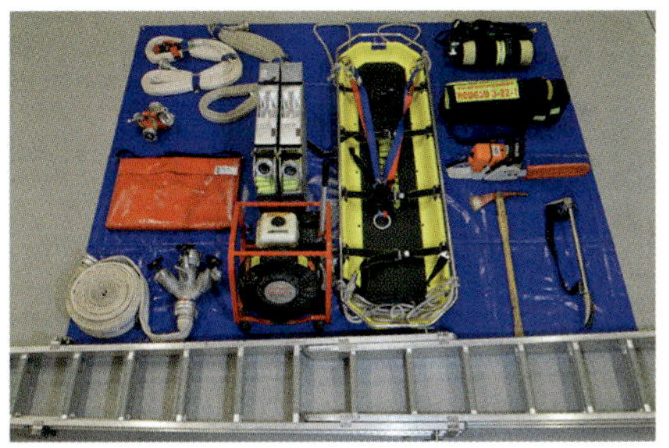

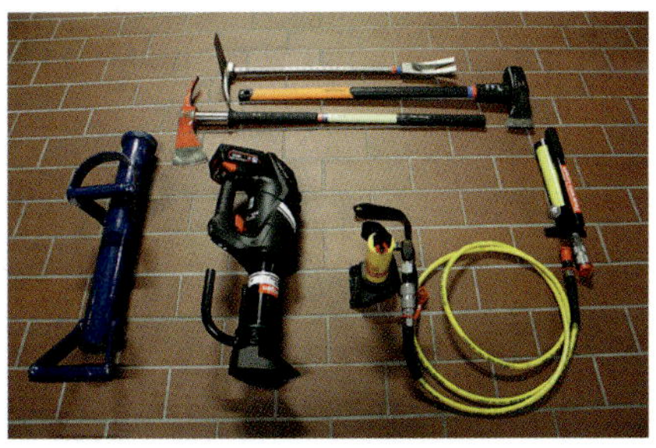

Abbildung 27a und b: Der Bereitstellungsplatz einer ANS (links); Brechwerkzeug kann den Einsatz der ANS vereinfachen (rechts). (Quellen: links FW Rodgau HE, rechts FW Langen HE)

3.6 Selbstkontrolle und Testfragen

(Lösungen siehe Seite 104)

1. Worauf ist bei der technischen Ausrüstung zu achten?

a) Es sollte so viel Gerät wie nur möglich mitgenommen werden, da die ANS über ausreichend Personal verfügt.
b) Trotz der hohen Funktionsstärke muss das Gerät bedarfsgerecht und so begrenzt wie möglich sein.
c) In einer Schleifkorbtrage kann überschüssiges Gerät „hinterhergezogen“ werden.

2. Welche Transportgeräte eignen sich für die Schonende und die Schnelle Rettung?

a) Schleifkorbtrage
b) Bandschlingen und Rettungstuch

3. Warum ist das Mitführen der Atemluftnotfallversorgung innerhalb der ANS wichtig?

a) Weil damit Defekte an den Atemanschlüssen kompensiert werden können.
b) Weil der Verunfallte möglicherweise über weite Wege gerettet werden muss und Atemgiften ausgesetzt ist.
c) Die Atemluftnotfallversorgung kann das Zeitfenster der Rettung erweitern.

4. Welche Aussage zu Schlauchleitungen innerhalb der ANS ist richtig?

a) C-Leitungen sind D-Leitungen stets vorzuziehen.
b) D-Leitungen sind im Innenangriff nicht zulässig.
c) D-Leitungen haben im Verhältnis von Aufwand und Leistungsfähigkeit einen hohen Wirkungsgrad.

4 Ausbildung

Für die ANS-Ausbildung sollten die Ausbildung zum AGT, Sprechfunker und, je nach Aufgabenfeld, zum Trupp- und Gruppenführer vorausgesetzt werden. Je gefestigter die Grundlagen sind, desto geringer ist der Aufwand innerhalb der ANS-Ausbildung. Zudem macht es einen organisatorischen Unterschied, ob der verhältnismäßig kompakte Personalstamm einer Sondereinheit oder die „breite Masse" einer modularen Atemschutznotfallstaffel geschult und fortgebildet werden muss. Die nachfolgende Betrachtung stellt die wichtigsten Punkte der Atemschutznotfallausbildung heraus (Cimolino und Ridder, 2010) und beschreibt die organisatorische Gliederung der ANS-Ausbildung.

4.1 Grundausbildung

In Bezug auf die Fähigkeiten innerhalb einer ANS sind die Ausbildungsziele im Erkenntnis-, insbesondere aber im Handlungsbereich hoch angesetzt. Die Ausbildungsschwerpunkte orientieren sich dabei an den technischen und taktischen Standards der ANS. So vergrößert sich der Ausbildungsaufwand, je mehr Ausrüstung eingesetzt wird. Das trifft auch in Bezug auf die taktischen Fähigkeiten zu. Jeder Handgriff, der nicht zum Routinerepertoire gezählt wird, muss fundiert antrainiert und regelmäßig wiederholt werden. Das enge Zeitfenster bei der Versorgung und Rettung verunfallter AGT, aber auch der Umstand, dass die ANS in besonders risikoreichen Situationen eingesetzt wird, setzt bei den Mitgliedern eine enorme persönliche Leistungsfähigkeit voraus.

4.1.1 Rahmenplan und Lernzielkatalog

Mit dem modularen Aufbau von Ausbildung und darauffolgenden Fortbildungen kann die Schulung insgesamt übersichtlich gestaltet werden. Die meisten Feuerwehren, die eine ANS installiert haben, haben für den Ablauf der Ausbildung einen Rahmenplan festgeschrieben. Zum Zeitpunkt der Recherchen der Verfasser lag die Dauer der Grundausbildungen zwischen 18 und 40 Stunden. Dabei beinhalten die Rahmenpläne theoretische Schulungen, Unterweisungen, praktische Übungen und Simulationen. Die aufeinander folgenden Ausbildungsstufen bauen aufeinander auf. Zusätzlich kann ein Lernzielkatalog erstellt werden, der mit Grob- und Feinlernzielen klare Schwerpunkte für die jeweiligen Ausbildungsthemen beschreibt. Das hat den Vorteil, dass die Vorgehensweise auf Grundlage festgeschriebener Standards durchgeführt wird, transparent ist und jederzeit bedarfsgerecht angepasst werden kann.

	Block 1	**Block 2**	**Block 3**	**Block 4**	**Block 5**
Stunde	**Themen** *Inhalt*				
1	**Grundlagen ANS (T)** *Ausbildungsinhalte, Organisation, Taktik*	**Gerätekunde ANS (U)** *Schleifkorbtrage, RIT-Bag, Rettungshaube*	**Auffinden und Versorgen (P)** *Atemluftversorgung und Transportvorbereitung Funktionen 1-3*	**Einsatztraining (S)** *2 Einsatzübungen pro Teilnehmer. Vorgehen, Versorgen und Transportieren. (Externes Objekt)*	**Einsatztraining (S)** *2 Einsatzübungen pro Teilnehmer. Vorgehen, Sofortmaßnahmen, Versorgen und Transportieren. (Externes Objekt)*
2					
3	**Schutzausrüstung (U)** *Doppelflaschen-PA, pers. Equipment,*	**Versorgung (U)** *Atemluftversorgung Funktionen 2+3*	**Auffinden, Versorgen, Transportieren (P)** *Einführung aller Funktionen (1-5)*		
4	**Fallbeispiel (T)** *Realer Atemschutzunfall in ausgedehntem Gebäude*	**Schlauchvornahme (U)** *Unterweisung Funktionen 4+5*			

	Block 6	**Block 7**	**Block 8**	**Block 9**	**Block 10**
Stunde	**Themen** *Inhalt*				
1	**Taktik Eigensicherung mit D-Schlauch (T)** *Grundlagen*	**Med.Notfallkunde (T)** *Medizinische Notfälle im Atemschutzeinsatz*	**Vorgehen ü. Leitern(U)** *Anleitern, Vorgehen und Schlauchvornahme*	**Einsatztraining (S)** *2 Einsatzübungen pro Teilnehmer. Vorgehen, Versorgen und Transportieren. (Externes Objekt)*	**Einsatztraining (S)** *2 Einsatzübungen pro Teilnehmer. Vorgehen, Versorgen und Transportieren. (Externes Objekt)*
2	**Einsatztraining (S)** *Einsatzübungen in Brandhaus*	**Med.Notfallkunde (U)** *Schonende Rettung*	**Retten ü. Leitern (P)** *Retten von liegenden Verunfallten*		
3		**Einsatztraining (S)** *Schwerpunkt Schonende Rettung*	**Einsatztraining (S)** *Schwerpunkt Retten über Leitern*		
4					**Endveranstaltung (U)** *Nachbesprechung*

Abbildung 28: Ein Beispiel eines Ausbildungsrahmenplans für die Grundausbildung von ANS-Mitgliedern (T = Theorieunterricht, U = Unterweisung, P = Praxis, S = Simulation) (Quelle: FW Langen HE)

4.1.2 Grundvoraussetzungen

Vorweg müssen die Interessenten über die Risiken und Anforderungen, die mit der Tätigkeit verbunden sind, aufgeklärt sein. Neben den technischen und taktischen Belangen müssen sie auch in Hinsicht auf die körperlichen Anforderungen, den mit den Einsatzlagen verbundenen psychischen Stress und die Grenzen der Leistungsfähigkeit einer ANS sensibilisiert werden.

Dass die Tätigkeit unter Atemschutz und insbesondere innerhalb einer ANS die uneingeschränkte körperliche Eignung und sehr gute Fitness voraussetzt, ist zudem Fakt! Die Teilnehmer müssen also in einer sehr guten körperlichen Verfassung sein. Gleichermaßen sind für den Erhalt der körperlichen Leistungsfähigkeit adäquate Sport- und Fitnessangebote notwendig. Gemeinsamer Dienstsport fördert zudem die Teamfähigkeit.

Zusätzlich zu der körperlichen Fitness muss die Stressbelastbarkeit der Teilnehmer gefestigt und ausgebaut werden. Deswegen sollten insbesondere Einsatzübungen (Simulationen) auf einem hohen, realistischen Niveau durchgeführt werden. Sind die Grundlagen vermittelt, müssen die Anforderungen an die Teilnehmer während der Simulationen höher liegen als im Realeinsatz. Es gilt der Grundsatz „train hard, fight easy". Hierbei ist es unabdingbar, dass während der Ausbildung Atemschutzgeräte angeschlossen, Schläuche gefüllt und „reale AGT", also keine zu leichten Dummys, gerettet werden. Zudem sollten die Simulationen so oft wie möglich in unbekannten und vor allem weitläufigen oder komplexen Gebäuden stattfinden. Mit dem Einsatz von Blenden vor den Atemschutzmasken, Nebel sowie Lärm und wirklichkeitsnahen Bedingungen (verstellte Wege, herunterhängende Leitungen etc.) kann der Stress der Teilnehmer während der Übungslagen zusätzlich erhöht werden. Trotz allem Trainings unter harten Bedingungen müssen die Teilnehmer gleichermaßen darin geschult werden, Stresssymptome zu erkennen und richtig auf diese zu reagieren.

Abbildung 29a und b: Die Stressbelastbarkeit der ANS-Mitglieder kann durch entsprechende Bedingungen, wie schlechte Sicht (links) oder komplizierte Anmarschwege, während der Einsatzübungen gefördert werden.

Die Ausbildung der ANS-Mitglieder muss so häufig wie möglich unter wirklichkeitsnahen Bedingungen durchgeführt werden. Wechselnde Übungsobjekte und simulierte Widrigkeiten erzeugen dabei künstlich Stress.

4.1.3 Theoretische Kenntnisse und Einführung in die Taktik

Zu Beginn der ANS-Ausbildung sollten die Teilnehmer grundlegend über die Schulungsinhalte und den zeitlichen Umfang informiert werden. Weiterhin eignen sich theoretische Unterrichtsmethoden, um die allgemeine Aufstellung und Vorhaltung, die Taktik und grundlegende Aufgaben der ANS wie auch der Funktionen zu vermitteln. Damit die Mitglieder später die Aufgaben verschiedener Funktionen innerhalb der ANS übernehmen können, sind hinsichtlich Taktik und Aufgaben der einzelnen Funktionen hohe Lernzielstufen anzustreben. Das bedeutet, dass die Teilnehmer die Inhalte nicht nur verstehen, sondern möglichst bald erklären und anwenden können sollen. Am besten kann das mit der Kombination von theoretischen und handlungsorientierten Unterrichtsmethoden erreicht werden. Teilnehmer, die im Anschluss als ANS-Führer tätig werden sollen, müssen tiefgründig in die allgemeine Organisation an der Einsatzstelle und die Kompetenzen der Tätigkeit eingewiesen werden.

4.1.4 Unterweisungen in Technik und Taktik

In den Unterweisungen werden die Teilnehmer in die Handhabung neuer Gerätschaften eingewiesen. Dabei gilt es, Aufbau, Funktion und Wirkungsweise der Produkte zu erläutern. Die Teilnehmer müssen im Anschluss den Einsatzwert der Geräte kennen und wissen, wie diese eingesetzt werden. Zudem sollen die Teilnehmer ein sicheres Gefühl für den Umgang mit dem Gerät bekommen und Vertrauen in das Gerät entwickeln. Bei Geräten und persönlicher Schutzausrüstung, welche nicht aus der Regelvorhaltung sind, können gesonderte Eingewöhnungen notwendig sein. Das trifft beispielsweise auf Langzeit-Atemschutzgeräte zu, wenn diese ausschließlich bei die ANS genutzt werden. Hier muss sichergestellt sein, dass die Teilnehmer über die Besonderheiten aufgeklärt und im Umgang mit diesen trainiert sind. Die Unterweisungen müssen regelmäßig wiederholt und dokumentiert werden.

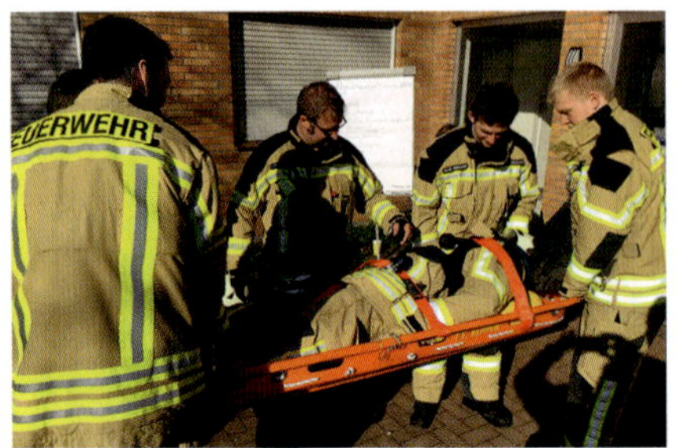

Abbildung 30a und b: Die Teilnehmer der Grundausbildung müssen sich zunächst mit dem Gerät vertraut machen und vollumfänglich unterwiesen werden (links). Im Anschluss sollen Handgriffe und Abläufe trainiert werden (rechts). (Quellen: links FW Kempen NRW, rechts FW Langen HE)

4.1.5 Praktisches Training und Simulationen

Viele Handlungsabläufe, wie das Sicherstellen der Atemluftversorgung bei Bewusstlosen mittels Rettungshaube, müssen durch die Funktionen im Einsatz zügig und eigenständig durchgeführt werden können. Bei Tätigkeiten, die keine Fehler erlauben und in jeder Situation beherrscht werden müssen, sollten die Handlungsabläufe automatisiert werden. Das kann nur erreicht werden, wenn die Teilnehmer die Handfertigkeiten oft wiederholen und in verschiedensten Situationen trainieren. Entsprechend dem Beispiel der Sicherstellung der Atemluftversorgung müssen die Teilnehmer solange trainieren, bis sie die Handgriffe in kürzester Zeit bei höchster Sicherheit „abspielen“ können. Neben dem praktischen Training von Handfertigkeiten zählen Einsatzübungen zum Herzstück der ANS-Grundausbildung. Dabei sollten die Teilnehmer schrittweise an die Arbeit innerhalb der mehrköpfigen ANS herangeführt werden. Hierbei gilt es, unter realistischen Bedingungen möglichst einsatznahe Simulationen durchzuspielen. Dabei müssen alle taktischen Maßnahmen, die im „Repertoire“ der ANS vorhanden sind, berücksichtigt werden. Ziel der Ausbildung muss es sein, dass sich die Mitglieder im Anschluss in die ANS einfügen und in ihrem Tätigkeitsbereich uneingeschränkt eingesetzt werden können.

Abbildung 31a und b: Die Einsatzsimulationen müssen sich an realen Szenarien orientieren. Dabei müssen die Teilnehmer zu Rettende auch aus komplexen Bereichen retten. (Quelle: FW Langen HE)

4.1.6 Besonderheiten der interkommunalen Zusammenarbeit

Wird die Einheit im Rahmen der interkommunalen Zusammenarbeit tätig, müssen die damit verbundenen Anforderungen in der Aus-und Fortbildung berücksichtigt werden. Abläufe und Produkte, welche sich vom eigenen Standort unterscheiden, müssen thematisiert werden. Dazu zählen selbst Kleinigkeiten, wie ein dem Retter unbekannter Helmverschluss des zu Rettenden. Entsprechend müssen die Mitglieder der ANS in die Ausrüstung oder Führungsorganisation der Feuerwehren, für welche sie zuständig sind, unterwiesen werden.

4.1.7 Regelmäßige Fortbildung

Bei den Vorgaben zu regelmäßigen Fortbildungen unterscheiden sich die etablierten ANS stark. Während einige Feuerwehren eine monatliche Fortbildung ihrer ANS-Mitglieder vorsehen, werden andere jeweils quartalsweise, halbjährlich oder jährlich fortgebildet. Nach Auffassung der Verfasser sollte jedes Mitglied mindestens einmal im Quartal an einer mehrstündigen Fortbildung teilnehmen. Neben der Auffrischung der taktischen und technischen Fähigkeiten können auch Neuerungen vorgestellt und eingeführt werden. Bei modularen Atemschutznotfallstaffeln können die Qualifizierungen im Rahmen der allgemeinen Fortbildungsmaßnahmen, wie einer zentralen Atemschutzfortbildung, oder innerhalb der internen Wachfortbildungen absolviert werden.

4.2 Selbstkontrolle und Testfragen

(Lösungen siehe Seite 104)

1. Was hilft dabei, einen gleichbleibenden Standard innerhalb der ANS-Ausbildung zu gewährleisten?

a) Die Feuerwehr-Dienstvorschrift 7
b) Ein Rahmenplan und Lernziele
c) Handouts und Lernzielkontrollen

2. Welche Merkmale sollten bei Unterweisungen an Geräten behandelt werden?

a) Aufbau, Funktion und Wirkungsweise
b) Geräteprüffristen
c) Einsatzwert

3. Wie können Einsatzsimulationen realistisch gestaltet werden?

a) Durchführung in externen, unbekannten Objekten
b) Hilfsmittel, wie Nebel oder Blenden, nutzen
c) Reale Nutzung von Gerät (Wasser im Schlauch etc.)

4. Wie oft sollten Mitglieder von ANS-Sondereinheiten fortgebildet werden?

a) Fortbildungen sind nach einer fundierten Grundausbildung nur jährlich notwendig.
b) Mindestens quartalsweise
c) Mindestens monatlich

5 Einsatz der Atemschutznotfallstaffel

Die nachfolgenden Ausführungen begrenzen sich auf die Tätigkeit von ANS an Einsatzstellen mit ausgedehnten oder komplexen Gebäuden. Selbstredend ist das verhältnismäßige Sicherheitsmanagement für jeden Atemschutzeinsatz eine notwendige Grundlage (Cimolino und Ridder, 2010).

5.1 Rettungsart

Grundsätzlich unterscheidet man bei der Atemschutznotfallrettung zwei Rettungsarten: die **Sofortrettung** und die **Schonende Rettung** (Cimolino und Ridder, 2010). In ausgedehnten Gefahrenbereichen, die einen langen Transportweg mit sich bringen, ist eine Sofortrettung nicht ohne Weiteres möglich. Die jeweiligen Verfahrensweisen müssen also tiefgründiger betrachtet werden. Im Folgenden steht die zügige Rettung mit der Prämisse des Transportes über weite oder komplizierte Wege im Fokus.

5.1.1 Sofortmaßnahmen

Sofortmaßnahmen erfolgen, wenn sich der zu Rettende insbesondere aufgrund äußerer Einwirkungen oder seines Zustandes in akuter Lebensgefahr befindet. Innerhalb der konventionellen Bebauung führen SiTr dann eine Sofortrettung durch. Dabei wird in der Regel auf Versorgungsmaßnahmen verzichtet, da der sofortige Transport meist in einem besseren (zeitlichen) Verhältnis steht als das vorherige Herstellen der Atemluftversorgung o.Ä.

Im Fall einer AGT-Rettung aus komplexen Gebäuden über **lange Wegstrecken**, ggf. mit Geschosswechseln und anderen Problemstellen, ist die Sofortrettung in der oben beschriebenen Einfachheit nicht ohne Weiteres durchführbar. Hierbei muss der Transportweg zwingend in die Beurteilung der notwendigen Maßnahmen einfließen. Sind bei einem langen Transportweg solche Sofortmaßnahmen notwendig, wird die Rettung im Ergebnis mehrstufig durchgeführt (vgl. Abb. 32). Bedrohen also beispielsweise lokale Einflüsse, wie Brandausbreitung oder Einsturzgefahr die Retter sowie den zu Rettenden, müssen unverzüglich Maßnahmen zum Schutz durchgeführt werden. Das kann der Soforttransport in einen weniger gefährlichen Bereich, aber auch das Sichern des aktuellen Aufenthaltsortes sein. Anschließend erfolgen die zustandsabhängige Versorgung und der Transport aus dem Gefahrenbereich (vgl. Kap. 5.7).

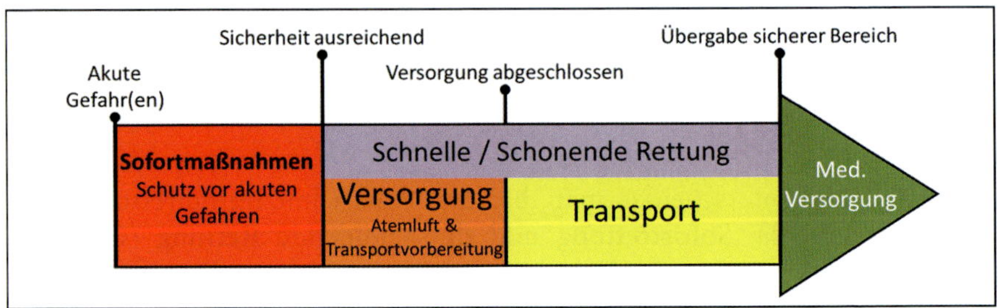

Abbildung 32: Schema der Rettung eines verunfallten AGT aus ausgedehnten Bereichen

Sofortmaßnahmen sind erforderlich, wenn akute Gefahren (Einsturzgefahr, massives Brandgeschehen o.Ä.) die Retter und die zu Rettenden bedrohen.

Sind aufgrund der Lage keine Sofortmaßnahmen erforderlich oder wurden diese abgeschlossen, beginnen die Maßnahmen der eigentlichen Rettung. Diese bestehen aus der Versorgung und dem Transport des zu Rettenden (vgl. Kap. 5.5 und Kap. 5.7). Als Rettungsarten greifen die meisten etablierten ANS auf die Schnelle und die Schonende Rettung zurück.

5.1.2 Schnelle Rettung

Als wahrscheinlichste Rettungsart gilt die Schnelle Rettung. Ist der Verunfallte bewusstlos oder schwer verletzt, ersetzt sie aufgrund der langen Wegstrecken die Sofortrettung. Hierzu unterscheidet sich die Schnelle Rettung durch die standardisierte Atemluftversorgung des zu Rettenden sowie eine vereinheitlichte Transportart. Eine adäquate Kontrolle des Verunfallten, um festzustellen, ob dieser atmet, ist im Gefahrenbereich unter umluftunabhängigem Atemschutz, auch wegen der eigenen Atmung und aufgrund der widrigen Umstände wie schlechter Sicht, störender Schutzkleidung und Gerät kaum durchführbar. Für die Versorgung von Bewusstlosen sollten deshalb Standards gelten, die zuvor trainiert und im Einsatzfall zügig abgearbeitet werden (vgl. Kap. 5.5). Konform der Sofortrettung hat die Schnelle Rettung den raschesten Transport über den kürzesten Weg als Ziel. Ferner fällt hierunter die Rettung eines gehfähigen in Not geratenen AGT, welcher nur mit Atemluft versorgt und herausgeführt werden muss.

Muss der zu Rettende über weite oder komplizierte Wege transportiert werden, ist eine „Sofortrettung“ ohne Hilfsmittel, wie sie in der üblichen Bebauung durchgeführt würde, weitaus weniger effektiv als eine „Schnelle Rettung“, die eine schnelle Atemluftversorgung und das Evakuieren des Verunfallten in einem adäquaten Transportsystem vorsieht.

5.1.3 Schonende Rettung

Die Schonende Rettung ist durchzuführen, wenn der Zustand des Patienten es erforderlich, aber auch möglich macht **und** der Aufenthaltsort wie auch der Transportweg gesichert sind. Diese Rettungsart ist das Mittel der Wahl, wenn der Verunfallte nicht bewusstlos ist, aber aufgrund der Verletzung die Gefahr weiterer, schwerer Schädigungen seiner Gesundheit besteht. Dabei ist bei der Schonenden Rettung ein erhöhter Zeit- und Rettungsmittelaufwand möglich. Indikationen für eine Schonende Rettung werden unter Kap. 6.2 erläutert.

5.2 Die Atemschutznotfallstaffel an der Einsatzstelle

An Einsatzstellen mit nur einem Zugang und einer übersichtlichen Anzahl von eingesetzten Atemschutztrupps kann eine ANS grundlegend auch als höherwertiger Ersatz für den SiTr in Bereitstellung gehen. Dies ist bei einigen der etablierten ANS gängige Praxis und entspricht unter den entsprechenden Voraussetzungen im vollen Umfang den Vorgaben der FwDV 7. An unübersichtlichen Einsatzstellen, mit mehr als einem Zugang oder einer hohen Anzahl an eingesetzten Atemschutztrupps, kann die ANS hingegen ausschließlich als Ergänzung der SiTr vorgehalten werden. In diesem Fall sollte sie zentral positioniert werden, um die kritischen Bereiche in kurzer Zeit erreichen zu können.

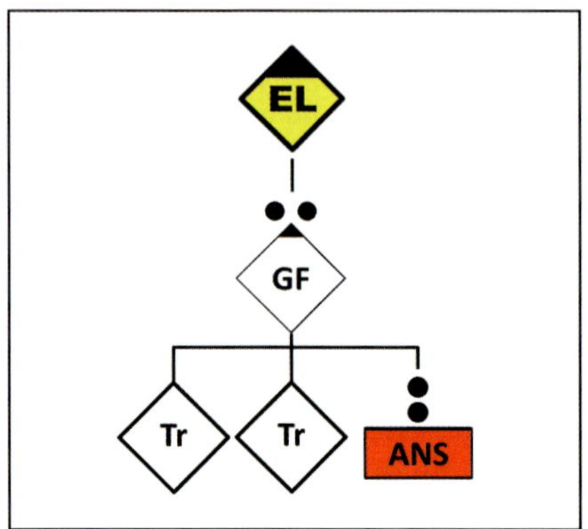

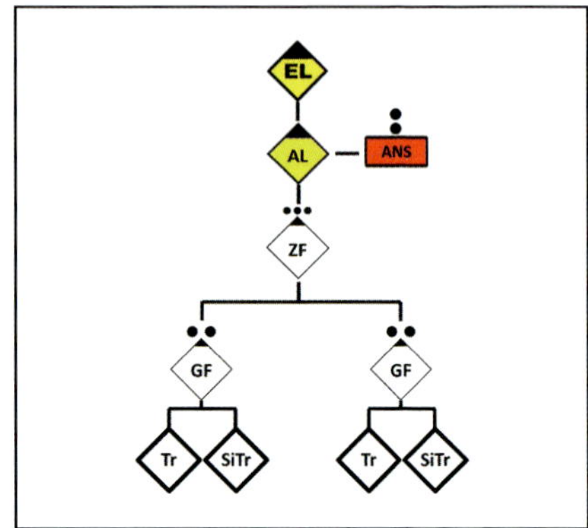

Abbildung 33a und b: Möglichkeiten, wie die ANS an der Einsatzstelle eingeordnet werden kann

Entsprechend der Führungsorganisation ist auch die ANS unterstellt. An Einsatzstellen, an denen sie den SiTr ersetzt, ist es nur sinnvoll, sie unter dem zuständigen Unterabschnittsführer zu installieren (vgl. Abb. 33a). Wird die ANS global an der Einsatzstelle vorgehalten, sollte sie ausschließlich durch den Einsatzleiter oder z.B. durch einen „Abschnittsleiter Sicherheit" informiert und aktiviert werden (vgl. Abb. 33 b). Unabhängig von der Ebene, auf welcher die ANS installiert wird, müssen solche Standards in einem Einsatzkonzept im Vorfeld festgelegt sein. Damit die Funktionen untereinander gesichert kommunizieren können, gleichzeitig aber auch die Kommunikation mit dem Abschnittsleiter sowie dem verunfallten Trupp möglich ist, sollte eine Kanaltrennung erfolgen. Während die übrigen Funktionen ausschließlich auf dem internen ANS-Funkkanal kommunizieren, ist der ANS-Führer mit zwei Funkgeräten ausgestattet, um neben dem internen Funkkanal auch auf dem Ereigniskanal mithören und -reden zu können. Für die unverwechselbare Identifikation sollten die ANS, ähnlich wie die SiTr, im Klartext mit fortlaufender Ziffer benannt werden: *ANS 1, ANS 2,…*

Ist eine Einsatzstelle derart weitläufig, dass sie in viele weitere Abschnitte eingeteilt ist, muss dringend die Notwendigkeit der Bereitstellung weiterer ANS, auch als Ablösung, beurteilt werden.

5.2.1 Einsatzbereitschaft

Sinnigerweise legen die Teammitglieder der ANS bereits auf der Anfahrt die persönliche und erweiterte Ausrüstung an, um an der Einsatzstelle frühzeitig in Bereitstellung gehen zu können. Die Übermittlung der aktuellen Lage mittels Alarmausdruck oder Funk ermöglicht, dass bereits wichtige Informationen während der Anfahrt verarbeitet werden können. Mit Eintreffen an der Einsatzstelle muss zunächst klargestellt werden, ob die ANS als primäre oder ergänzende Sicherheitsinstanz eingesetzt wird (vgl. Abb. 33). Der ANS-Führer meldet sich bei dem übergeordneten Führungsdienst und lässt sich ganzheitlich einweisen. Er muss alle relevanten Informationen zu Lage, Gebäudeaufbau, aktuellen Maßnahmen, Personaleinsatz und der allgemeinen Infrastruktur erhalten. Für die lückenlose Lageeinweisung eignen sich Einsatzprotokolle. Entsprechend können die Punkte chronologisch abgehandelt und dokumentiert werden. Für die visuelle Unterstützung sollten Lageskizzen angefertigt oder Einsatzdokumente, wie Feuerwehrpläne, genutzt werden. Der ANS-Führer filtert die wichtigen Punkte für die Teammitglieder und weist diese entsprechend ein. Eine kontinuierliche Vernetzung von Einsatzleitung, Abschnittsleitung und ANS ist unerlässlich.

Der Einsatzgrundsatz der adäquaten Atemschutzüberwachung entsprechend der FwDV 7 muss zusätzlich zu etwaigen Einsatzprotokollen jederzeit gewährleistet sein. Für diese Aufgabe kann u.a. der Maschinist der ANS als Controller eingesetzt werden.

Ob die Teammitglieder den Atemanschluss während der Bereitstellung angelegt haben, um bei Bedarf unverzüglich zu starten, oder nur bereithalten, um die Einsatzkräfte physisch zu schonen, muss an der Lage vor Ort bemessen werden. Ein zügiges Aktivieren der ANS muss jedoch jederzeit möglich sein und sollte regelmäßig trainiert werden. In Bereitschaft ist die Einheit vor Witterungseinflüssen zu schützen.

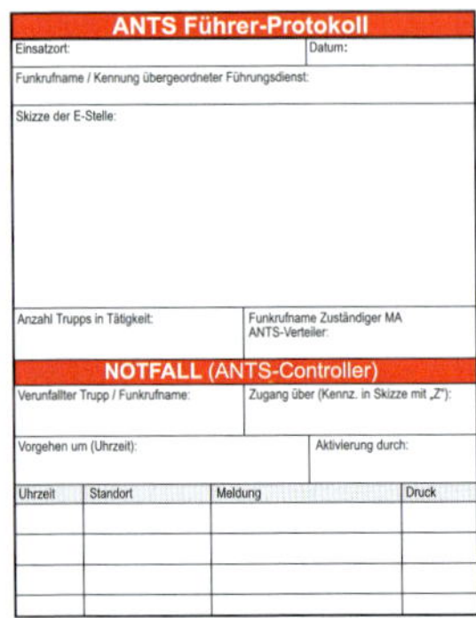

ANTS Führer-Protokoll

Einsatzort:

Datum:

Funkrufname / Kennung übergeordneter Führungsdienst:

Skizze der E-Stelle:

Anzahl Trupps in Tätigkeit:

Funkrufname Zuständiger MA ANTS-Verteiler:

NOTFALL (ANTS-Controller)

Verunfallter Trupp / Funkrufname:

Zugang über (Kennz. in Skizze mit „Z"):

Vorgehen um (Uhrzeit):

Aktivierung durch:

Uhrzeit	Standort	Meldung	Druck

Abbildung 34a und b: Anhand von Einsatzprotokollen (links) kann eine gezielte Einweisung nach geplantem Schema erfolgen (rechts).

Eine gegenseitige Kontrolle der Ausrüstung (Vier-Augen-Prinzip) und eine Kontrolle der Geräte, wie Funkgerät und Atemschutznotfallsystem, müssen zum Standard innerhalb der Bereitstellung zählen. Während langwierigen Einsätzen ist der frühzeitige Austausch der Teammitglieder zu organisieren. Eine Bereitstellungsphase mit aufgesetztem Atemanschluss sollte nicht viel länger als 30–45 Minuten dauern.

Abbildung 35a und b: Je nach aktueller Lage und der Beurteilung des zuständigen Führungsdienstes oder entsprechend dem jeweiligen Konzept können die ANS den Atemanschluss angelegt haben oder nicht. (Quellen: links FW Dortmund, rechts FW Langen HE)

Die Wasserversorgung der ANS orientiert sich ebenfalls an der Lage. Wird die ANS als einzige Sicherheitsinstanz vorgehalten, unterscheidet sich die Bereitstellung eines Verteilers, mindestens aber eines Abgangs, nicht von der eines SiTr. An unübersichtlichen Einsatzstellen, an denen die ANS mehrere SiTr ergänzt und nicht klar ist, in welchem Abschnitt die Einheit tätig werden könnte, ist eine Reservierung mindestens eines Abgangs an einem Verteiler pro Abschnitt erforderlich; zusätzlich zu dem Abgang des SiTr. Hierbei ist sicherzustellen, dass die Abgänge für die ANS wie auch für die SiTr nicht für anderweitige Löschmaßnahmen eingesetzt werden. Falls möglich sollten Redundanzen innerhalb der Löschwasserförderung geschaffen werden, da der Atemschutznotfall auch auf einem Defekt der Infrastruktur gründen kann. Die visuelle Reservierung des zugeordneten Verteilers ist mittels Schild, Blindkupplung oder Übergangsstück möglich. Das Herstellen der eigenen Wasserversorgung setzt eine lange Vorbereitungsphase voraus. An ausgedehnten Einsatzstellen oder sofern die ANS nachrückt, kann dies nicht immer ohne Weiteres umgesetzt werden, da der Großteil der Löschwasser-Infrastruktur bereits besteht. Das Durchfahren einer umtriebigen Einsatzstelle zu dem jeweiligen Abschnitt sowie die Herstellung der eigenen Wasserversorgung über einen (freien) Hydranten kosten Zeit und gestalten sich in der Realität schwierig; insbesondere wenn es bereits zu dem Atemschutznotfall gekommen ist.

Abbildung 36a und b: Der zugeteilte Verteiler sollte kenntlich gemacht werden, z.B. mit einem Schild (links). Kennzeichnungsmöglichkeiten der ANS-Mitglieder: u.a. werden Beschilderungen an Atemschutzgeräten oder Leuchtmittel eingesetzt (rechts).

5.3 Vorgehen und Suche nach dem zu Rettenden

Die Aktivierung der ANS darf ausschließlich durch den zuständigen, übergeordneten Führungsdienst erfolgen. Die Atemschutzüberwachung der ANS muss von Beginn an in den Prozess involviert sein und alle entscheidenden Parameter erfassen. Die Gründe für die Aktivierung der ANS und die umfassenden Maßnahmen außerhalb des Gefahrenbereichs sind Bestandteil des allgemeinen Atemschutznotfallmanagements (Cimolino und Ridder, 2010). Die umfangreiche Nachforderung, insbesondere einer weiteren ANS oder vergleichbarer Sicherheitsinstanzen, ist selbstredend unerlässlich. Zusätzlich muss der Maschinist, der für den Verteiler zuständig ist, welcher die Schlauchleitung der ANS versorgt, über den bevorstehenden Einsatz informiert und entsprechend instruiert werden.

Während sich die Teammitglieder final einsatzbereit machen, spricht sich der ANS-Führer mit dem übergeordneten Führungsdienst ab, um den zugeteilten Auftrag zu übernehmen. Die Anzahl der zu Rettenden sowie deren ungefähre Position, ggf. die Rückwegsicherung und was für ein Notfall vorliegt, müssen mindestens Bestandteil der Abfrage sein; auch ob und wie viele SiTr den Rettungseinsatz unterstützen. Darauf folgt ein prägnanter Befehl an die übrigen Teammitglieder durch den ANS-Führer (insbesondere Lage, Auftrag, Mittel, Ziel und Weg). Der voraussichtliche Aufenthaltsort des zu Rettenden wird als Ziel definiert. Das Vorgehen der ANS muss dann nach einem festgelegten Schema, wie einer definierten Reihenfolge der Funktionen, erfolgen. Der ANS-Führer, Funktion 1 (vgl. Kap. 2.1.2), geht vorweg und führt die Einheit innerhalb des Gefahrenbereichs. Die ANS bewegt sich der Lage entsprechend so zügig wie möglich. Weiterhin ist es sinnvoll, mit dem zu rettenden Trupp Funkkontakt zu halten. Zudem sollten Orientierungshilfen, wie die Rückwegsicherung des in Not geratenen Trupps oder deren Notsignalgeber, genutzt werden. Insbesondere die Rückwegsicherung kann die Suche bestenfalls verkürzen. Aktive Hilfsmittel der Retter, wie Wärmebildkameras, die das Absuchen erheblich beschleunigen können, aber auch einfache Produkte, wie z.B. Blindenstöcke, finden je nach Lage und Sichtverhältnissen Anwendung. Während des Vorgehens ist wichtig, dass sich die ANS nicht lange mit Standardsituationen aufhält. Für das Durchsuchen von Räumen, das Überwinden von Höhenunterschieden, das

Durchqueren von Türen, den Eigenschutz und das Sichern des Rückweges muss auf standardisierte und trainierte Maßnahmen zurückgriffen werden.

Der ANS-Führer ist hierbei für die kontinuierliche Überwachung der Umgebung und den Kontakt zu dem übergeordneten Führungsdienst verantwortlich. Diesem ist in angemessenen Abständen der aktuelle Status zu übermitteln. Dies muss dokumentiert werden. Die Vornahme der eigenen Schlauchleitung dient dabei zum Eigenschutz und gleichzeitig als Rückwegsicherung der ANS. Das Arbeiten im Gefahrenbereich ohne Schlauchleitung ist bei den etablierten ANS die Ausnahme. Der Einsatz von Leinensicherungssystemen o.Ä. wird aktuell nur umgesetzt, sofern keine Vornahme der Schlauchleitung notwendig ist oder zusätzlich unübersichtliche, angrenzende Bereiche überprüft werden müssen (vgl. Abb. 37). Als Orientierungshilfe, wie weit die ANS in den Gefahrenbereich eingedrungen ist, haben einige Sondereinheiten Markierungen auf den Schläuchen.

Hat sich der zu rettende Trupp von seiner Rückwegsicherung entfernt und kann somit nicht ohne Weiteres kontaktiert werden, muss die ANS auf standardisierte und praktikable Suchtechniken zurückgreifen. Dabei empfiehlt es sich, bereits abgesuchte Bereiche zu kennzeichnen. Zudem greifen alle ANS mindestens auf eine, teilweise sogar zwei Wärmebildkameras zurück.

Der Einsatz zusätzlicher SiTr sollte zwischen dem ANS-Führer und dem Einsatzleiter abgestimmt werden. Ein Mehr an SiTr kann in ausgedehnten Gebäuden für die kurz dauernde Durchsuchung notwendig, in engen oder komplexen Bereichen aber auch kontraproduktiv sein. Im Gegensatz zu dem konventionellen SiTr kann eine ANS aufgrund des erweiterten Personals eine gründliche und gleichermaßen zügige erste Durchsuchung durchführen. Ziel und Anspruch der Suchtaktik muss es sein, ein Übersehen des zu Rettenden unter allen Umständen zu vermeiden.

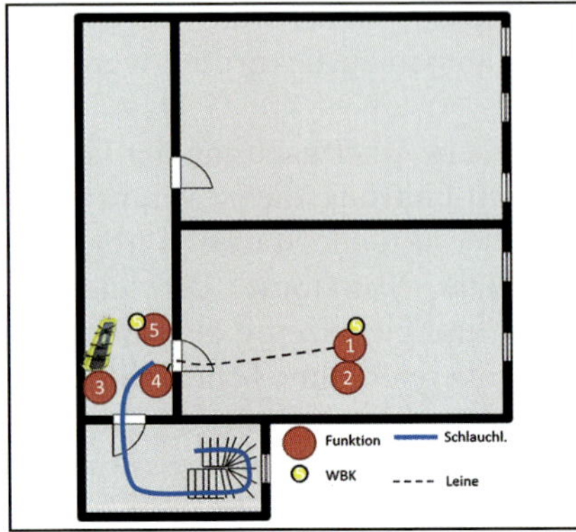

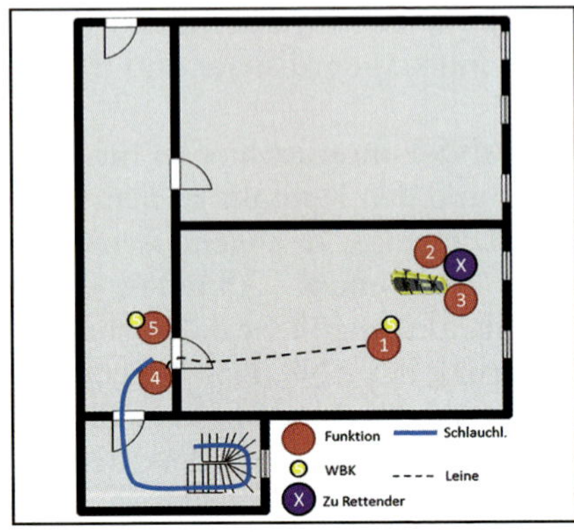

Abbildung 37a und b: Möglichkeit der kombinierten Nutzung von Schlauchleitung und Leinensystem in unübersichtlichen Bereichen. Während der Durchsuchung angrenzender Räume oder der Versorgung des zu Rettenden sichert eine Funktion (4) den Wirkbereich wie auch den Rückweg mit der Schlauchleitung und dem Strahlrohr.

Auch während des zügigen Vorgehens muss die Taktik der ANS geltenden Einsatzgrundsätzen entsprechen. Das sichere Fortbewegen im Gefahrenbereich, das strukturierte Durchsuchen von Räumen und die Weitergabe wichtiger Informationen an den übergeordneten Führungsdienst sind wichtige Grundsätze.

Eine ANS kann aufgrund der aufgabengerechten Funktionsstärke nach einem dualen Schema vorgehen. Somit können die Durchsuchung und die Sicherung durch die mitgeführte Schlauchleitung zeitgleich erfolgen.

5.3.1 Vorgehen über Anleiterbereitschaften (ALB)

Dass ALB immer häufiger an risikoreichen Einsatzstellen installiert werden, macht sie auch als Zugangsmöglichkeit für die Sicherheitskomponenten interessant. Ist das Vorgehen der ANS über eine ALB erforderlich und sinnvoll, sollten grundlegende Standards im Vorfeld geregelt und trainiert sein.

Entsprechend müssen die Reihenfolge des Aufstieges, die Zuständigkeiten bezüglich der Geräte und die Möglichkeiten der Wasserversorgung klar festgelegt sein. Ferner ist der anschließende Transportweg der zu Rettenden abzuwägen (vgl. Kap. 5.7).

Abbildung 38a und b: Das Vorgehen über alternative Angriffswege muss im Vorfeld geklärt sein. (Quelle: FW Langen HE)

5.4 Auffinden: Eintreffen am Verunfallten

Entgegen dem konventionellen SiTr, der spätestens ab dem Auffinden des zu Rettenden viele Maßnahmen mit wenig Personal bewältigen muss, sind die Aufgaben innerhalb der ANS mindestens auf die doppelte Anzahl an Funktionen aufgeteilt. Dadurch können sie größtenteils parallel abgewickelt werden, was im Ergebnis Zeit spart.

Mit Auffinden des oder der zu Rettenden werden die zuständigen Funktionen durch den ANS-Führer mit der Sichtung beauftragt. Der ANS-Führer selbst übermittelt das Auffinden an den ihm übergeordneten Führungsdienst und informiert über Standort und Lage vor Ort. Weiterhin wird der Status des Verunfallten und ggf. weiterer AGT (z.B. Trupppartner) durchgegeben. Neben der Koordination innerhalb des Gefahrenbereichs muss der ANS-Führer den aktuellen Aufenthaltsbereich erkunden und beurteilen. Hierfür sind insbesondere bei schlechter Sicht praktische Arbeitsweisen, wie der Würfelblick mit einer WBK, sinnvoll. Werden die Retter und/oder der zu Rettende durch eine akute Gefahr bedroht, müssen zielgerichtete Sofortmaßnahmen, wie der Soforttransport des Verunfallten in einen anderen

Bereich oder das Sichern des Aufenthaltsbereiches, durchgeführt werden (vgl. Kap. 5.1.1). Während der Versorgung des zu Rettenden übernehmen die freien Funktionen die Sicherung des Aufenthaltsbereichs, prüfen die Verfügbarkeit des Rückweges und halten sich für Unterstützungstätigkeiten bereit.

5.5 Versorgen: Sicherstellung der Atemluftversorgung

Nur die für die primäre Versorgung zuständigen Funktionen, meistens zwei, arbeiten die Sichtung nach einer standardisierten Vorgehensweise, wie dem Sehen-Hören-Fühlen-Check (Cimolino und Ridder, 2010) oder ähnlichen Verfahrensweisen, ab. Die gesamte Sichtung und Versorgung des zu Rettenden müssen durch trainierte Maßnahmen in kürzester Zeit abgeschlossen werden. Zunächst gilt es den Zustand des zu Rettenden und seiner Atemschutzausrüstung zu erkunden. Auf die besondere Versorgung von Verletzungen und Erkrankungen wird unter Kap. 6 eingegangen.

5.5.1 Atemluftversorgung im Allgemeinen

Wird der zu Rettende aufgefunden, muss er nicht immer gleich schwer verletzt oder bewusstlos sein (vgl. Kap. 6.1). Auch der Verlust der Orientierung oder Festhängen sowie „leichte Verletzungen" sind in einem Gefahrenbereich kritische Szenarien. Je nach Restdruck und insbesondere wenn der zu Rettende über eine weite Distanz gerettet bzw. herausgeführt werden muss, ist die Sicherstellung der Atemluftversorgung für die Rettung unabdingbar.

Muss der zu Rettende über einen langen oder schwierigen Weg transportiert werden, ist die Sicherstellung der Atemluftversorgung durch die ANS zu gewährleisten.

In weitläufigen Bereichen kann zudem davon ausgegangen werden, dass der Atemluftvorrat des zu Rettenden (und ggf. seines Partners) durch den Anmarschweg, seine verrichtete Arbeit sowie die „Wartezeit" auf die ANS stark beeinträchtig ist. Die Sicherstellung der Atemluft stellt in solchen Bereichen somit eine Grundmaßnahme zum Schutz des zu Rettenden dar und ist priorisiert umzusetzen. Dabei gibt es die folgenden Optionen:

- Umkuppeln der Mitteldruckleitung (an Atemluftnotfallsystem oder Zweitanschluss eines Retters)
- Wechsel des Lungenautomaten
- Einsatz der Rettungshaube

5.5.2 Umkuppeln der Mitteldruckleitung

Bei intakten Atemanschlüssen ist das Umkuppeln der Mitteldruckleitung oder des Lungenautomaten durchzuführen. Ist ein Defekt an dem Atemanschluss nicht auszuschließen oder fehlen Komponenten, ist der Einsatz einer Rettungshaube sinnvoll (vgl. Kap. 5.5.4). Im Regelfall erfolgt die Sicherstellung der Atemluftversorgung immer mit einem autarken Atemschutznotfallsystem. Nur im Ausnahmefall, z.B. Rettung mehrerer, mobiler AGT oder einem ANS-internen Notfall, und bei ausreichendem Atemluftvorrat wird auf Zweitanschlüsse von Teammitgliedern der ANS zurückgegriffen. Das kann u.U. auf die Versorgung des Trupppartners eines Bewusstlosen zutreffen. Die Besonderheit, dass sich zwei Feuerwehrangehörige einen Atemluftvorrat teilen und physisch miteinander verbunden sind, muss dann unbedingt in die Beurteilung des weiteren Vorgehens einfließen. Der Retter sollte den Gefahrenbereich mit dem zu Rettenden zeitnah verlassen.

Vor dem Umkuppeln der Mitteldruckleitung des Lungenautomaten müssen alle Komponenten in Griffweite und die sonstigen Bestandteile, Maske und Lungenautomat, auf Funktionsfähigkeit geprüft worden sein. Der zu Rettende muss über das Vorhaben informiert werden und sollte während des Wechsels die Luft anhalten. Vorteilhaft ist, dass während diesem Wechsel keine Schadstoffe in den Atemluftkreislauf eindringen können. Wichtig ist, dass die Kupplungen schmutzfrei bleiben.

Abbildung 39a und b: Das zügige Umkuppeln der Mitteldruckleitung (links) und Wechseln des Lungenautomaten (rechts) bedürfen einiger Übung.

5.5.3 Wechsel des Lungenautomaten

Der Wechsel des Lungenautomaten (vgl. Abb. 39b) ist eine Maßnahme, die AGT vertraut ist und im Einsatz schnell umgesetzt werden kann. Taktisch orientiert sich der Wechsel des Lungenautomaten an dem Wechsel der Mitteldruckleitung. Allerdings muss sichergestellt sein, dass die Systeme der ANS und des zu Rettenden kompatibel sind (Normal- und Überdruck). Dieser Sachverhalt muss insbesondere bei der interkommunalen Zusammenarbeit gewährleistet sein. Ferner besteht die Gefahr, dass der zu Rettende während des Wechsels Schadstoffe einatmet.

5.5.4 Einsatz der Rettungshaube

Bei der Versorgung von Bewusstlosen oder Bewusstseinsgestörten hat sich das Hin- bzw. Aufsetzen des Verunfallten bewährt. Die Gefahr durch die Bewusstlosigkeit für den Betroffenen negiert die Notwendigkeit der schonenden Umlagerung. Dabei begibt sich eine Funktion hinter den Verunfallten und stützt diesen ab. Eine weitere Funktion positioniert sich vor dem Betroffenen. In dieser Position können der Basischeck und die Sicherstellung der Atemluftversorgung zügig durchgeführt werden. Bei Bewusstlosen oder wenn Atemanschluss und Lungenautomat defekt sind bzw. fehlen, muss die Atemluftversorgung unverzüglich sichergestellt werden. In diesem Fall werden meist Rettungshauben an einem autarken Atemschutznotfallsystem eingesetzt (vgl. Kap. 3.2). Zuvor müssen dem zu Rettenden Helm und Maske ausgezogen werden. Durch die aufrechte Sitzposition erreichen die Retter alle Bestandteile der Ausrüstung des Verunfallten. Das begünstigt deren schnelles Ablegen sowie das zügige Anziehen der Rettungshaube. Auch der Wechsel von Lungenautomaten oder das Umkuppeln der Mitteldruckleitung sind in dieser Position erheblich schneller durchgeführt als an einem liegenden Verunfallten. Eine engmaschige Kontrolle der Atemluftversorgung muss gewährleistet sein. Die Mitteldruckleitung des Atemschutznotfallsystems sollte zudem immer mittels Karabiner an dem zu Rettenden befestigt werden.

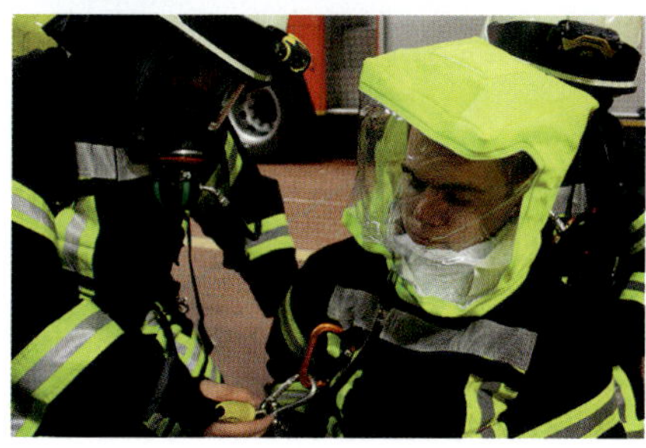

Abbildung 40a bis d: Ist der Verunfallte bewusstlos oder benommen, kann er im Sitzen optimal mit Atemluft versorgt werden.

Sobald die Atemluftversorgung des zu Rettenden gesichert ist, muss dies an den ANS-Führer gemeldet werden, der die Information an den übergeordneten Führungsdienst übermittelt.

5.6 Transportvorbereitung

Ist die Sicherstellung der Atemluftversorgung gewährleistet, erfolgt die Transportvorbereitung. Mobile und orientierte zu Rettende werden durch mindestens eine zugeteilte Funktion der ANS „an die Hand genommen" und herausgeführt. Um den zu Rettenden zu entlasten, können das Atemschutzgerät und weitere Ausrüstungsgegenstände abgelegt werden. Ob dies notwendig ist, muss durch den ANS-Führer entschieden werden.

Abbildung 41a und b: Bewusstlose oder Bewusstseinsgestörte Verunfallte, die im Sitzen versorgt wurden, können in dieser Position zügig für den Transport vorbereitet werden (links). Während der schnellen Versorgung des zu Rettenden können „freie" Teammitglieder das Transportgerät vorbereiten.

Bewusstlose oder bewusstseinsgestörte Verunfallte sollten zuvor in einer aufrechten Sitzposition mit Atemluft versorgt worden sein (vgl. Abb. 40). In dieser Position können dem Verunfallten nun sein Atemschutzgerät und weitere Ausrüstungsgegenstände abgenommen werden, um Gewicht für den Transport zu sparen. Hilfsmittel, wie Scheren oder Cutter, lassen sich hierbei sinnvoll einsetzen, sind aber nicht immer schneller als das reguläre Ablegen. Das zügige Ablegen der Geräte steht immer in einem guten Verhältnis zu dem Transport über lange Wege und erleichtert letztlich die Arbeit der Funktionen. Parallel hierzu kann eine freie Funktion das Transportgerät vorbereiten. Dabei ist darauf zu achten, dass alle Gurte geöffnet sind, bevor der Verunfallte gelagert wird.

Aus der Sitzposition heraus kann der Bewusstlose an Oberkörper und Beinen angehoben und in dem Transportgerät abgelegt werden. Bei zu Rettenden, die bei Bewusstsein sind, aber eine Rückenverletzung oder Ähnliches erlitten haben, muss das Ablegen der Geräte und das Lagern entsprechend schonend ausgeführt werden. Für die Schonende Rettung sind die große Personalverfügbarkeit einer ANS auszunutzen und geeignete Transportgeräte, wie Schleifkorbtragen oder Rettungsbretter, zu verwenden (vgl. Kap. 6.2).

Abbildung 42a und b: Je nach Rettungsart wird der Verunfallte schnell (links) oder schonend (rechts) in dem Transportgerät gelagert. (Quelle: rechts FW Kempen NRW)

5.7 Transport

Mobile zu Rettende werden, sofern sie dazu in der Lage sind, von einem Retter aus dem Gefahrenbereich geführt. Bei immobilen Verunfallten ist der Aufwand weitaus größer. Generell gibt der ANS-Führer den Transportweg vor, da er i.d.R. und insbesondere bei ANS, die aus fünf Funktionen bestehen, nicht primär an dem Transport beteiligt ist. Somit kann er den Weg u.a. an der Rückwegsicherung entlang vorgeben und die „arbeitenden" Funktionen führen. Sind der Verunfallte und dessen Atemluftversorgung adäquat auf oder in dem Transportgerät gesichert, wird der Status durch den ANS-Führer an den übergeordneten Führungsdienst weitergegeben. Der Transport Bewusstloser ist dabei mit höchster Priorität und somit vor allem zügig durchzuführen (Schnelle Rettung). Sofern es die Möglichkeit einer „Abkürzung“ gibt, welche die Zeit der Rettung verkürzt, muss diese genutzt werden. Der übergeordnete Führungsdienst muss über den jeweils aktuellen Status der Rettung durch den ANS-Führer informiert werden; ggf. müssen im Außenbereich Maßnahmen zur Unterstützung der Rettung eingeleitet werden. Ob weitere SiTr zur Unterstützung in dem Gefahrenbereich eingesetzt werden müssen oder sie sich in Bereitstellung für etwaige Komplikationen begeben, muss nach der Beurteilung der verantwortlichen Führungskräfte entschieden werden.

Abbildung 43a und b: Mobile zu Rettende werden von mindestens einer zugeteilten Funktion aus dem Gefahrenbereich geführt.

Für einen zügigen Transport haben sich in der Praxis Zugschlaufen oder Bandschlingen an den Enden der Transportsysteme bewährt (vgl. Abb. 44a). Über gerade, flache Abschnitte, aber auch Treppen können so insbesondere Schleifkorbtragen sowie andere Schleifsysteme und bedingt auch Rettungsbretter einfach hinweggezogen werden. Das ermöglicht einen schnellen Transport und das „Überfahren“ von auf dem Boden liegenden Produkten, wie Schläuchen, spart im Gegensatz zum Tragen Kraft. Müssen Treppenabsätze abwärts überwunden werden, können viele Transportgeräte an den oberen Zugschlaufen gehalten und somit sicher abgelassen werden.

Die Treppe hinauf ist das Heraufziehen mittels Zugschlaufen möglich. Bei Schleifkorbtragen und Rettungsbrettern ist in diesem Fall das konventionelle Tragen des Transportsystems ergonomischer und kraftsparender. Ein „Durchtauschen“ der Träger ist bei kraftraubenden Transporten sinnvoll.

Abbildung 44a und b: Der Transport immobiler Verunfallter ist mit geeigneten Transportgeräten verhältnismäßig zügig möglich.

5.7.1 Besondere Transportvarianten

Der bauliche Weg, welcher als Anmarschweg genutzt wurde, muss nicht immer auch der kürzeste oder einfachste Weg für den Transport sein. Alternative Wege und Abkürzungen, wie Fenster oder Balkone, können den Transport im Bedarfsfall beschleunigen.

Abbildung 45a und b: Sofern die Notwendigkeit besteht, können besondere Transportvarianten, wie der Leiterhebel (links) oder die Rettung über ein Hubrettungsfahrzeug (rechts) notwendig sein. (Quellen: (links FW Langen HE, rechts FW Kempen NRW)

Bei ausgedehnten Gebäuden kann u.U. das Verlassen des Gefahrenbereichs über eine ALB wertvolle Zeit sparen. Neben dem verhältnismäßig einfachen Einsatz eines Hubrettungsfahrzeuges besteht ferner die Möglichkeit, einen Leiterhebel mittels tragbarer Leiter einzusetzen. Das kann beispielsweise an schlecht zugänglichen Fenstern notwendig sein. Auch das Verlassen durch einen Schacht ist bei Industrieobjekten oder Tunneln nicht unrealistisch (vgl. Abb. 20a). Auf das Überwinden von Höhen und Tiefen kann sich die ANS mit entsprechenden Taktiken und einfachem Gerät vorbereiten.

5.7.2 Übergabe des Verunfallten

Außerhalb des Gefahrenbereichs muss der Verunfallte unverzüglich medizinisch versorgt werden. Auch AGT, die sich z.B. „nur“ verlaufen haben, sollten gecheckt werden, da die physischen und psychischen Belastungen eines solchen Vorfalls nicht immer eingeschätzt werden können. Bei verletzten Geretteten muss eine ordentliche Übergabe an den Rettungsdienst erfolgen. Im Bedarfsfall müssen die Mitglieder der ANS den Rettungsdienst unterstützen oder sein Fehlen temporär kompensieren können (vgl. Kap. 6). Sofern dies nicht erforderlich ist, sollte die anschließende Rehabilitierung der ANS-Mitglieder durch adäquate Maßnahmen fokussiert werden. Hygienemaßnahmen, entsprechende Flüssigkeitsaufnahme und ggf. die Betreuung durch weiteres Personal müssen eingeleitet werden. Ferner sind nach einem Unfall oder Vorfall alle erforderlichen Maßnahmen entsprechend der FwDV 7 und den gültigen Vorschriften umzusetzen.

5.8 Selbstkontrolle und Testfragen

(Lösungen siehe Seite 104)

1. Warum kann die sonst übliche Sofortrettung durch eine ANS nicht ohne Weiteres erfolgen?

a) Weil der Verunfallte oft nicht gleich gefunden wird.
b) Weil die ANS hierfür mehr Personal benötigt.
c) Weil die Transportwege in ausgedehnten Objekten länger sind und eine Sofortrettung somit unverhältnismäßig ist.

2. Welche Informationen müssen dem ANS-Führer an der Einsatzstelle zur Verfügung gestellt werden?

a) Lage und aktuelle Maßnahmen
b) Gebäudeaufbau
c) Ob die ANS als Ergänzung oder Ersatz des SiTr vorgehalten wird.

3. Was vereinfacht die Versorgung eines bewusstlosen AGT?

a) Aufsetzen des zu Rettenden
b) Hinlegen des zu Rettenden

4. Wodurch sichert die ANS eine zügige Transportgeschwindigkeit?

a) Verwendung eines bedarfsgerechten Transportgerätes
b) Hohe Personalverfügbarkeit
c) Herausleiten durch den ANS-Führer

6 Notwendigkeit einer ANS aus notfallmedizinischer Sicht

Die Tätigkeit der ANS endet nicht mit der Rettung des verunfallten AGT, sondern sie muss auch das therapiefreie Intervall mit Erstmaßnahmen zur Lebensrettung überbrücken können. Folgende Gründe sprechen für eine Ausbildung in den wichtigsten Basismaßnahmen, vor allem der Herzkreislauf-Wiederbelebung und dem Umgang mit einem Automatischen Externen Defibrillator (AED):

- Viele Atemschutznotfälle ereignen sich bei Einsätzen ohne bereits vor Ort bereitstehenden Rettungsdienst, der häufig nur bei Einsatzstichworten „Menschenleben in Gefahr“ parallel alarmiert wird.
- Nicht bei allen Feuerwehren werden routinemäßig Einheiten der Hilfsorganisationen für den Sanitätsdienst für die Feuerwehr mitalarmiert.

Ist also kein medizinisch ausgebildetes Personal samt entsprechender Ausrüstung vor Ort, weil es sich „nur“ um einen reinen Feuerwehreinsatz handelt, vergeht wertvolle Zeit durch die Nachforderungen entsprechender Komponenten.

Für die notfallmedizinische Versorgung verunfallter AGT stehen nicht immer Kräfte des Rettungsdienstes unmittelbar zur Verfügung.

- Vor Ort befindliche Einheiten des Sanitäts- oder Rettungsdienstes sind möglicherweise mit der Versorgung von Betroffenen des Brandereignisses beschäftigt.
- Wenige freiwillige Feuerwehren verfügen über Einsatzkräfte, die über den Erste-Hilfe-Lehrgang oder den Sanitäter einer Feuerwehr hinaus ausgebildet und regelmäßig fortgebildet sind.

Die Mitglieder einer Atemschutznotfallstaffel sollten in den wichtigsten Basismaßnahmen der Ersten Hilfe und vor allem der Wiederbelebung einschließlich der Anwendung eines AED ausgebildet sein.

6.1 Verletzungen

Verschiedene Verletzungsmuster sind im Rahmen eines Atemschutzgeräteeinsatzes denkbar. Auf die wichtigsten, bzw. in der Literatur (vgl. z.B. atemschutzunfaelle.eu) am häufigsten erwähnten, soll im folgenden Kapitel nun eingegangen werden.

6.1.1 Verletzungen durch herabstürzende Teile, Glut oder Sturz

Existenziell ist die korrekte und vollständige Anlage der Einsatzschutzkleidung und des Helms. Bei nicht korrekt angelegter Flammschutzhaube und herunterhängendem Nackenschutz können z.B. Glutteile in den Nacken des AGT eindringen. Die Sichtüberprüfung durch den zweiten Truppangehörigen oder einen anderen Kameraden vor Aufnahme der Tätigkeit auf korrekte Anlage sollte daher vor jedem Atemschutzeinsatz Standard sein (vgl. Abb. 46a).

Gegenseitiges Kontrollieren der Einsatzschutzkleidung auf korrekten Sitz schützt vor dem Eindringen herabfallender Glut in den Nacken des AGT.

Besteht bei dem Verunfallten der Verdacht eines Knochenbruchs, lassen sich nach der Rettung leicht drei Qualitäten (körperfern von der verletzten Stelle) untersuchen:

Durchblutung: Prüfen, ob ein Puls am Hand- bzw. Fußgelenk tastbar ist, hilfsweise, ob sich das Finger- bzw. Fußnagelbett nach circa einsekündiger Kompression wieder innerhalb einer, maximal zwei Sekunden mit Blut füllt (also wieder rot färbt), die so genannte „Rekapillarisierung“ (vgl. Abb. 46b).

Motorik: Kann der Verletzte ein wenig die Finger/Zehen bewegen oder den Arm bzw. das Bein anwinkeln? Gelingt dies auch nicht im Ansatz, könnte durch den Bruch eine Sehne eingeklemmt sein.

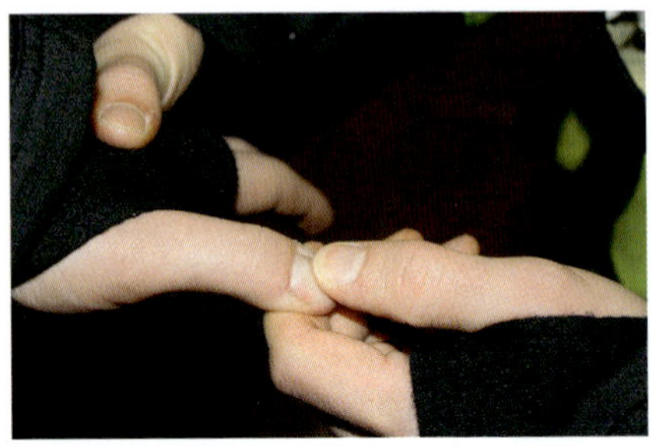

Abbildung 46a und b: Gegenseitige Kontrolle der Schutzkleidung vor dem Betreten des Gefahrenbereichs (links), Test der „Rekapillarisierung“ durch Kompression des Fingernagelbettes (rechts)

Sensibilität: Spürt der Verletzte Berührungen oder Streicheln am Ende der betroffenen Extremität (Finger, Zehen, Fuß- oder Handrücken)? Fallen hier Taubheitsgefühle oder ein Nichtspüren in Teilbereichen oder der ganzen Hand bzw. des Fußes auf, besteht der Verdacht, dass ein Nerv durch den möglicherweise verschobenen Knochen eingeklemmt ist.

Ist eine oder sind mehrere der genannten Qualitäten (Durchblutung, Motorik, Sensibilität) gestört oder ausgefallen, bedeutet dies eine Notarztindikation, da möglicherweise vor Ort der Bruch gerichtet („reponiert“) werden muss, um durch Auseinanderziehen der Bruchstücke die durch gebrochene Knochenenden eingeklemmten Gewebeanteile wieder zu befreien.

Bei Verdacht auf Knochenbruch sollte geprüft werden, ob im körperfernen Abschnitt der Extremität die Durchblutung, Sensibilität und Motorik vorhanden ist.

Alle Betroffenen, die nach Aufprall eines Gegenstands auf den Kopf kurzzeitig bewusstlos waren („zu Boden gegangen“), oder danach über Schwindel und/oder Übelkeit klagen, sollten mit Verdacht auf eine Gehirnerschütterung einem Unfallchirurgen vorgestellt werden.

6.1.2 Verbrennungen/Verbrühungen

Schwere Verbrennungen oder Verbrühungen des AGT sind trotz angelegter Einsatzschutzkleidung denkbar. Nach einem derartigen Ereignis sind die schnellstmögliche Rettung ins Freie und die Entfernung der noch „hitzebeladenen" Einsatzschutzkleidung vordringlich. Gelingt dies unmittelbar, ist nachfolgend die Kühlung der Hautoberfläche mit Wasser sinnvoll. Die Kühlung mit Wasser soll nur die Restwärme in der Haut neutralisieren, zur Schmerzbekämpfung sollten dann entsprechende Schmerzmittel durch den Rettungsdienst angewandt werden. Eine zu lange oder zu „kalte" Kühlung kann die Situation des Brandverletzten in der nachfolgenden Zeit durchaus verschlechtern.

Bei massiver Kühlung, insbesondere mit eiskaltem Wasser, ziehen sich die Blutgefäße zusammen. Folge ist dann möglicherweise eine verminderte Durchblutung und daraus resultierender Sauerstoffmangel von Hautarealen, die eine potenzielle Überlebenschance hätten, wenn sie mit genügend Sauerstoff versorgt würden (Jakobsson und Arturson, 1985). Bei großflächiger Kühlung des Rumpfes oder des ganzen Körpers sinkt rasch die Temperatur im Körperinneren (so genannte Körperkerntemperatur). Die erniedrigte Temperatur im ganzen Körper hat nun eine Schwächung des Immunsystems (Foxman, 2015) und eine massive Behinderung des Blutgerinnungssystems (Lier Kampe Schroder, 2007) zur Folge. Dies wiederum beeinflusst die nachfolgende chirurgische Versorgung und Wundheilung im Verbrennungszentrum negativ.

Fazit: „Kühlorgien" mittels C-Rohr und Löschwasser sollten vermieden werden, Kühlung mittels handwarmen Wassers für maximal 15 Minuten bzw. bis zum Eintreffen des Rettungsdienstes ist zu bevorzugen. Gerade bei großflächig verbrannten oder verbrühten Patienten ist sogar eher ein Wärmeerhalt im Sinne von Schutz vor Auskühlung zu beachten.

Kühlung einer verbrannten Haut macht nur unmittelbar nach dem Ereignis Sinn, um Restwärme zu neutralisieren. Unterkühlung des Körpers ist eher schädlich für die weitere Behandlung und Heilung.

Die Brandwunden sollten dann trocken(!), möglichst keimarm mittels Brandwundenverbandtüchern abgedeckt werden. Ein Schutz vor Auskühlung mittels Silber-Gold-Folie kann sinnvoll sein.

6.2 Schonende Rettung Verunfallter

Insbesondere die Wirbelsäule ist eine kritische Struktur, die besonderer Aufmerksamkeit beim Retten verunfallter AGT bedarf:

Entlang der Wirbelsäule verläuft vom Gehirn nach unten der Rückenmarkkanal, in dem alle wichtigen Nervenbahnen vom Gehirn in den Rumpf, vor allem aber auch zu den Armen und Beinen verlaufen. Kommt es im Bereich der Wirbelkörper zu einem Bruch, z.B. bei einem Sturz aus großer Höhe, können Teile dieser Nervenbahnen eingeklemmt oder verletzt werden, was im schlimmsten Fall Lähmungen bis hin zur Querschnittslähmung zur Folge hat. Um zu vermeiden, dass Bruchstücke bei einem Bruch eines Wirbelkörpers, die sich noch nicht in den Rückenmarkkanal gebohrt haben, durch unsachgemäße Rettung des Verunfallten doch noch das Rückenmark schädigen, ist auf eine so genannte „achsengerechte Rettung“ zu achten: Vermieden werden sollte alles, was die Wirbelsäule nach vorne oder hinten, bzw. seitwärts verbiegt (vgl. Abb. 42b).

Verunfallte mit dem Verdacht einer Verletzung an der Wirbelsäule sollten möglichst immer achsengerecht und ohne „Durchhängen“ gerettet werden, um weitere Schäden an der Wirbelsäule zu verhindern.

Zur Vermeidung unbeabsichtigter Bewegungen beim Transport eines verunfallten AGT sollte dieser daher grundsätzlich mit einer harten Unterlage, idealerweise mittels Schleifkorbtrage transportiert werden (vgl. Kap. 5.6):

Sollten sich durch den Sturz oder ein anderes Trauma Hinweise auf eine Verletzung des Kopfes oder der Halswirbelsäule ergeben, muss bei der Rettung hierauf ein besonderes Augenmerk gelegt werden. Während der Umlagerung des verletzten AGT kann die Halswirbelsäule manuell durch ein Mitglied der ANS gestützt werden. Durch seitliches Auflegen der Hände an den Kopf des Verunglückten kann ein unbeabsichtigtes Drehen des Kopfes oder ein Kopfnicken bei der Lagerung weitgehend vermieden werden. In dem Transportgerät kann der Kopf gegen seitliches Drehen oder Verrutschen mittels „Head-Blocks“ oder zweier Leinenbeutel rechts und links des Kopfes gesichert werden.

Die Anlage einer Halswirbelsäulenstütze („stiff neck“) empfiehlt sich in dieser Phase nicht. Bei weiter anliegender Atemschutzmaske kann die Stütze ihre Funktion nicht adäquat erfüllen, bei anliegender Rettungshaube und Halswirbelsäulenstütze diese eine Undichtigkeit der Haube im Halsbereich verursachen (vgl. Abb. 47).

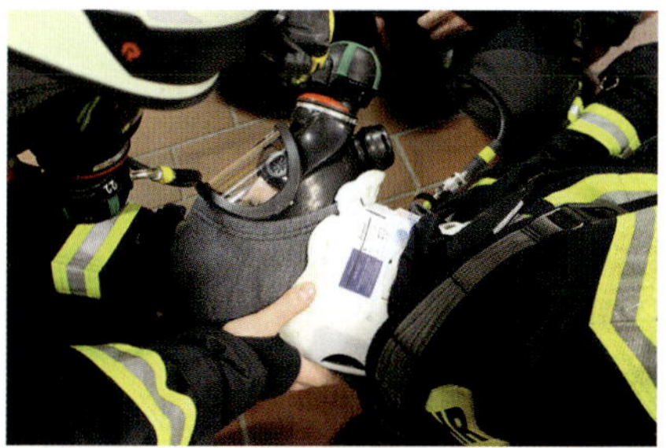

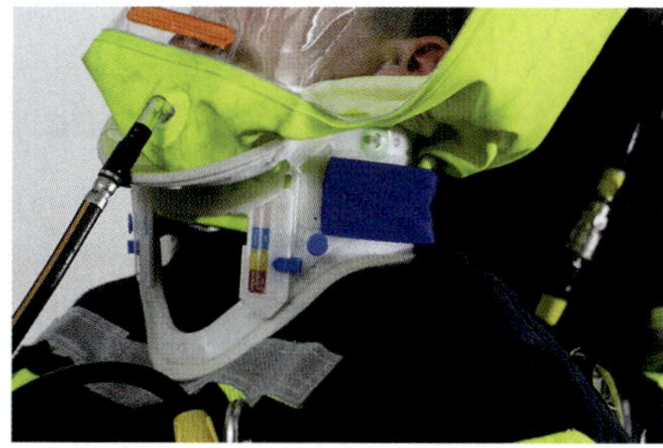

Abbildung 47a und b: Die Halswirbelsäulenstütze kann die Atemschutzmaske wegdrücken und somit zu Undichtigkeiten führen (links). Auch die Funktion der Rettungshaube kann eingeschränkt werden (rechts).

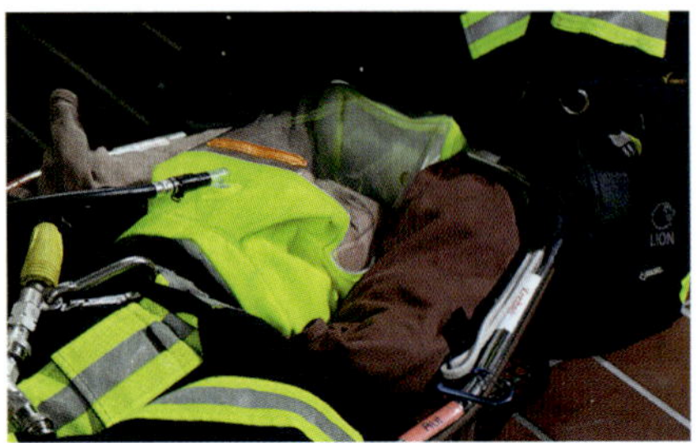

Abbildung 48a und b: In einer Schleifkorbtrage können Feuerwehrleinenbeutel zur Stabilisierung des Kopfes genutzt werden (links). Auf einem Rettungsbrett müssen „Head-Blocks" genutzt werden (rechts). (Quelle: FW Dortmund)

6.3 Herz-Kreislauf-Wiederbelebung

Bei einem Herzstillstand wird schlagartig das Gehirn nicht mehr mit Sauerstoff versorgt. Das Gehirn wiederum hat nur sehr geringe Sauerstoffreserven, die im Minutenbereich liegen. Wird nicht sofort wieder sauerstoffreiches Blut an das Gehirn verbracht, stirbt es innerhalb kurzer Zeit ab. Um den „Hirntod" zu verhindern, ist daher die **sofortige** Aufnahme der Herzdruckmassage existenziell. Sie muss sofort nach der Rettung aus dem Gefahrenbereich, im Zweifel durch die Mitglieder der ANS, erfolgen.

Der Patient sollte jeweils alle 30 Herzdruckmassagen zweimal beatmet werden. Dies kann mit einer Mund-zu-Nase-Beatmung, besser aber mit einem Beatmungsbeutel erfolgen. Die Beatmung mittels Beatmungsbeutel, bzw. Mund-zu-Nase muss vorher demonstriert und geübt werden. Im Zweifel ist die Herzdruckmassage ohne Zwischenbeatmung allein bis zum Eintreffen des Rettungsdienstes absolut sinnvoll. Ist ein Automatischer Externer Defibrillator verfügbar, sollte dieser während der Herzdruckmassage, ohne diese zu unterbrechen, schnellstmöglich an den Patienten angelegt werden (vgl. Abb. 49b).

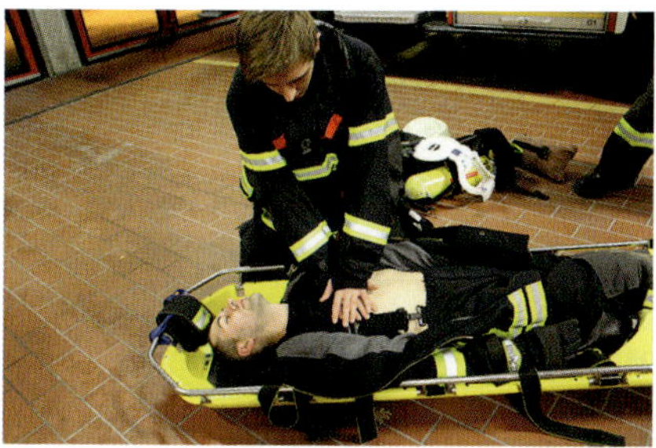
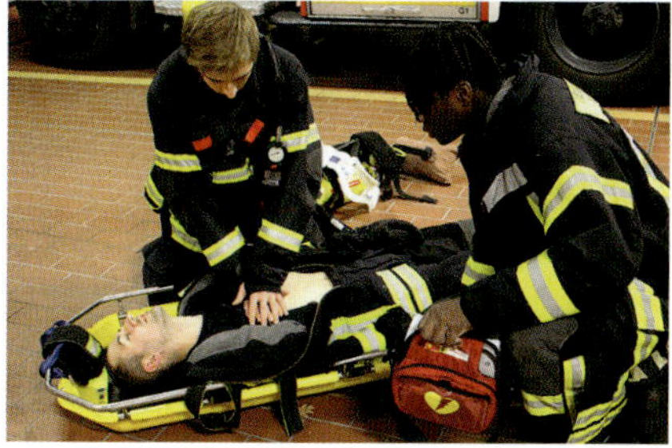

Abbildung 49a und b: Herzdruckmassage in der Mitte des Brustbeins mit einer Frequenz von circa 100–120 mindestens 5 cm tiefen Kompressionen (links). Ein AED ist eine sinnvolle Ergänzung der Ausrüstung einer ANS (rechts).

Bei einem Kreislaufstillstand sind bereits nach wenigen Minuten unumkehrbare, bleibende Schäden am Gehirn zu erwarten. Herzdruckmassage reicht anfangs auch ohne Beatmung aus. Bei der Herzdruckmassage kann nichts falsch gemacht werden. Der einzige Fehler ist, nichts bis zum Eintreffen des Rettungsdienstes zu unternehmen!

Weitere Informationen zur Herz-Kreislauf-Wiederbelebung unter:
www.einlebenretten.de

6.4 Selbstkontrolle und Testfragen

(Lösungen siehe Seite 104)

1. Weshalb ist die Ausbildung der wichtigsten Basismaßnahmen bei der ANS sinnvoll?

a) Um ein eventuelles therapiefreies Intervall nach der Rettung überbrücken zu können.
b) Um den Rettungsdienst bei der Versorgung eines geretteten AGT ggf. unterstützen zu können.
c) Der Erste-Hilfe Kurs reicht aus.

2. Welche Aussage zu der Versorgung von Verbrennungen ist richtig?

a) Kühlung mittels kalten Wassers
b) Kühlung mittels handwarmen Wassers
c) Kühlung für maximal 15 Minuten

3. Worauf ist bei der Schonenden Rettung (Verdacht auf Wirbelsäulenverletzung) zu achten?

a) Der zu Rettende sollte zur leichteren Versorgung hingesetzt werden.
c) Der Patient sollte nur „achsengerecht“ bewegt werden.
d) Den Kopf gegen seitliches Verdrehen und Verrutschen sichern.

7 Literatur- und Quellenhinweise

Cimolino U, Ridder A: Atemschutz-Notfallmanagement, Reihe Einsatzpraxis, ecomed, Landsberg 2010

de Vries H: Einsatz von D-Leitungen, Fachwissen Feuerwehr, ecomed, Landsberg 2016

Foxman EF et al.: Temperature-dependent innate defence against the common cold virus limits viral replication at warm temperature in mouse airway cells. Proceedings of the National Academy of Sciences of the United States of America 2015; 112: 827 - 832

Jakobsson OP, Arturson G: The effect of prompt local cooling on oedema formation in scaled rat paws. Burns 1985; 12: 8-15

Lier H, Kampe S, Schroder S: Rahmenbedingungen für eine intakte Hämostase. Anaesthesist 2007; 56: 239–251

Ridder A: Atemschutz bei der Feuerwehr, Nachschlagewerk mit Aktualisierungslieferungen, ecomed, Landsberg 2017

Lösungen zu Kap. 1.5: 1. b); 2. c); 3. a), b), c); 4. a)

Lösungen zu Kap. 2.3: 1. b), c); 2. a); 3. a), b), c); 4. c)

Lösungen zu Kap. 3.6: 1. b); 2. a); 3. a), b), c); 4. c)

Lösungen zu Kap. 4.2: 1. b); 2. a), c); 3. a), b), c); 4. b)

Lösungen zu Kap. 5.8: 1. c); 2. a), b), c); 3. a); 4. a), b), c)

Lösungen zu Kap. 6.4: 1. a), b); 2. b), c); 3. b), c)